U0348706

精进之路

从新手到大师的
心智升级之旅

[英] 罗杰·尼伯恩（Roger Kneebone） 著

姜帆 译

* * *

EXPERT

Understanding the Path to Mastery

机械工业出版社

CHINA MACHINE PRESS

图书在版编目（CIP）数据

精进之路：从新手到大师的心智升级之旅 /（英）罗杰·尼伯恩（Roger Kneebone）著；姜帆译. —北京：机械工业出版社，2023.10

书名原文：Expert: Understanding the Path to Mastery

ISBN 978-7-111-73733-9

Ⅰ.①精… Ⅱ.①罗…②姜… Ⅲ.①成功心理–通俗读物 Ⅳ.①B848.4-49

中国国家版本馆CIP数据核字（2023）第160534号

机械工业出版社（北京市百万庄大街22号　邮政编码100037）
策划编辑：邹慧颖　　　　　　　责任编辑：邹慧颖
责任校对：宋 安　李 杉　　　责任印制：郜 敏
三河市国英印务有限公司印刷
2023 年 12 月第 1 版第 1 次印刷
147mm×210mm · 8.25印张 · 1插页 · 177千字
标准书号：ISBN 978-7-111-73733-9
定价：59.00元

电话服务　　　　　　　　　　网络服务
客服电话：010-88361066　　机 工 官 网：www.cmpbook.com
　　　　　010-88379833　　机 工 官 博：weibo.com/cmp1952
　　　　　010-68326294　　金 书 网：www.golden-book.com
封底无防伪标均为盗版　　　　机工教育服务网：www.cmpedu.com

Contents | 目录 |

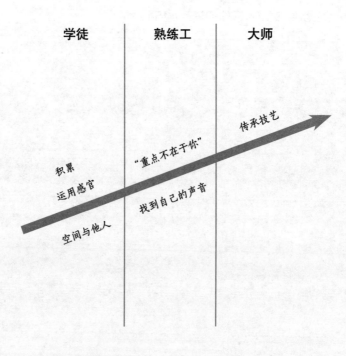

第 1 章

专家与看不见的鱼

我去拜访德里克·弗兰普顿（Derek Frampton）的时候，他正在给一只云豹的标本设计造型。我以前从没见过云豹。它像猫一样坐着，尾巴环绕着身子，凝视着一只幼崽，看起来那只幼崽好像要跑开去玩了。它们实在是太逼真了，我简直不敢相信它们体内已经塞满了填充物。

德里克是一名标本剥制师，而且是个中翘楚。他邀我去他家，看看他是如何工作的。我们来到了他的"陈列室"，里面摆满了各种各样的动物。玻璃柜里有各种鸟类与爬行动物，屋里每一处能放东西的地方都摆满了各种生物。在一张桌子上，放着一只快要完成的长尾小鹦鹉，它的翅膀被丝线固定住了；在另一张桌子上，有一只短吻鳄正准备撕咬，它旁边则是一只树蛙，在阳光下像宝石一样闪闪发光。除了有种怪异的寂静之外，这里就像动物园一样。

我之所以拜访德里克，是因为他是英国该领域内的顶尖专家之一。我对专家很感兴趣，想了解更多有关他们的事情。德里克把一只还未完工的石龙子标本从椅子上挪开，让我坐下来，为我讲解标本剥制的工作。

他把这项工作讲得很简单。剥掉动物的皮，用石膏模型重塑身体形态，再把皮盖在石膏上就行了。他给我看了一张斑马的皮，没有形状，耷拉在角落里。我问他在最后阶段如何制作石膏模型，他说道："这个嘛，只要雕刻一匹那么大的斑马，然后把皮蒙上去就行了。"

"只要"就是其中的关键。如果你想制作斑马的标本，只要雕刻一个那么大的模型就好了。显而易见。但对我来说，这可没那么显而易见，而是完全无法想象的。这就是为什么德里克是专家。

德里克告诉我，标本剥制不只是一门科学、工艺或艺术，而是三者的结合。科学性体现在其中的精确性、准确性以及密切的观察上，这使得他的工作成为科学研究的参考。动物学家可能会在之后的很多年里都需要参考德里克的标本，所以像是哺乳动物的颜色、鱼的鳞片或是爬行动物的牙齿这类细节，对于识别新物种或是追踪动物数量的减少，可能都是至关重要的。标本剥制的工艺性，则体现在德里克在整个职业生涯中锻炼出来的技能上：他能从动物身上把皮剥下来，然后用石膏或蜡重塑标本的独特形态。艺术性则将所有的要素结合起来，让这只云豹看上去像要弯下腰去舔它的幼崽。正因为德里克是个专家，所以他可以凭借智慧与细心，将这三者结合起来并加以运用，遇到任何新情况都能得心应手。本书的主题，就是如何成为专家。

成为专家

我是一名医生。医学也不只是一门科学、工艺或艺术，而是三者的结合。当然，医学建立在科学的基础之上，那是我在学生时代花了很长时间学习的事实性知识。工艺性则指我的工作方式：检查患者、给他们做手术，或者在诊室里与他们谈话。艺术性则体现在我如何理解每个患者，如何理解他们前来求医的主诉。德里克与我之间的联系，起初看起来可能并不明显，因为标本剥制与医学肯定是两个截然不同的领域，但事实并非如此。

解释完基本内容之后，德里克带我去了他的工作室，那里就像是炼金术士的实验室一样。房间里堆满了半成品，其中有各种各样的动物——鸟类、哺乳动物、鱼类和爬行动物。大大小小的生物标本，处于各种不同的制作阶段。工作台上放着一只榛睡鼠，墙上挂着一只大猩猩的头，角落里放着一只羚羊的躯干。空气中弥漫着胶水和石膏的气味，隔壁房间里传来咕咕的声音。

房间的中央有一个木制的橱柜，德里克把他从师父那里继承来的最珍贵的工具都放在那里。他只有几件工具而已，但已经用了几十年。这个橱柜的大小与上发条的留声机类似，有两个带黄铜把手的抽屉。橱柜上面则有一张转盘，转盘上有一只小小的黏土青蛙，躺在德里克的雕塑工具旁边。只需用手慢慢转动转盘，德里克在制作青蛙这样的标本时就不至于失手损伤它们了。周围都是他需要的东西。他的工作室里汇集了科学、工艺与艺术。

德里克做标本剥制师已经有 45 年之久了，他制作（他称之为"组装"）过各种动物，从长颈鹿到鼩鼱，从科莫多巨蜥到鱼类。他的作品在博物馆、动物园和私人收藏家中大受欢迎。尽管他大部分的工作都是在制作新标本，但他也保存着濒临灭绝或已经消失的动物和鸟类标本，以供科学收藏之用。标本剥制专家确实就像他制作的许多动物一样，是稀有生物。

我问过德里克是如何进入这一行的。他告诉我，他在上学时就很热爱艺术。他的手很巧，但他有阅读障碍，学习对他来说很困难。12岁时，他在路上发现一只死乌鸦，就把它带回家去画。那只鸟的身体结构、精致的翅膀让他深深地着迷。从那时起，只要母亲允许，他就会尽可能多地收集动物尸体，并尽可能精确地画出来。用他的话说，他在16岁的时候突然开窍了。有一天，他意识到自己不必把他找到的动物画在纸上，而是让它们摆出各种姿态。从那以后，他就在这条路上走了下去，再也没有回头。他进入了伦敦自然历史博物馆，成了一名标本剥制学徒，在那里工作了很多年之后，他就开始独立工作了。

并非人人都能像德里克那样成为标本剥制专家。并非人人都愿意做这个。然而，了解德里克以及其他像他一样的人，如何在不同的领域内成为专家，却与我们所有人息息相关。成为专家意味着什么？你怎样才能成为专家？是什么让德里克成为专家，而不仅仅是一个非常擅长他那行的人？

我们都可以成为某方面的专家，不过，我们也许只能在一两个领域内成为专家。要成为专家，你就必须专注于你选择的领域，排除各种干扰，年复一年地专注于此。这是一个漫长而艰辛的过程，需要付出极大的努力，而且中途也会遇到许多挫折。这似乎是显而易见的，但人们常常忽略这一点。我们生活在一个功利的世界里，需要立竿见影的成果。我们所受的教育让我们相信，天赋是与生俱来的，如果你在某件事上没有天赋，在那件事上耗费精力就是不值得的。我认为这两件事都不是事实。成为专家的旅程本身就是一种回报：一步一个脚印地逐渐走向精通，本身就能令人感到深深的满足——而且，我们还会发现，这个过程能够满足人类的基本需求。此外，如果你不试一试，你就不会发现你有多少天赋。

关于本书

这本书讨论的是专家，以及如何成为专家。我对专家着迷，已经不知道有多少年了。多年来，我观察专家，与他们交流，与他们一起工作，思考与他们有关的问题，向他们学习，为他们惊叹。在过去的几年里，我把专家作为我在大学里教学与研究的重点。我读过别人写的文献，也研究过如何成为专家的理论——无论是独立地成为专家，还是在群体中成为专家。我花了无数时间，与世界上许多不同领域的顶尖专家一同工作。我想弄明白他们是如何走到今天这一步的。在这一切里，最让我产生遐想的是人本身——不是抽象意义上的"专长"，而是专家本身。

拥有专长是一回事，成为专家是另一回事。我是专家吗？从表面上看可能是的。我取得行医资格已有 40 多年了。我会在下一章讲到，我学医以后，接受过外科顾问医师的培训，并且在英国和南非为患者做过很多年的手术。后来，我在英格兰西南部的一个小镇上做了近 20 年的家庭医生。现在，我是伦敦帝国理工学院的一名教授，把时间花在教学和研究上，而大部分时间都放在了专家的问题上。但是我不觉得自己是个专家。在我看来，我似乎才刚刚开始理解我的所有经历。话虽如此，我采访过的许多专家都有类似的感觉。

专家所做的很多事情都是看不见的，甚至连他们自己也看不见。成为专家的关键，在于你思考和看待事物的方式，在于决定"你是谁"的内部过程所导致的结果，而不仅仅在于你所创造的事物。我们很少能看到专家是如何成为专家的。我们可能会看到他们的所作所为，但我们看不见他们是如何取得这些成就的。我们能看到有人在音乐厅里演奏小号，但我们看不到他们在这次完美表演背后，有着一辈子的练习。我们在画廊里欣赏一幅画的时候，看到的并不是催生这幅作品的无数研究。但是，如果你想成为专家，就必须经历一个漫长的过程。本书讲的就是这个过程。

我一直在试图弄明白专家何以成为专家。我曾尝试用语言来描述他们外表的从容、对专业内容的掌握、本能的判断、认知与行事的方式，以及他们对意外事件做出反应的能力。我还想要理解他们对于那些超越自身的事物的投入。这些可不容易。成为专家是实实在在的行为，而不是用语言能说清楚的。其中有许多东西是无法用语言表达的。只有当你试着去做他们所做的事情时，才能体会到这些专家的技能有多娴熟。他们所擅长的技艺，便是深藏不露的技艺。

这就像那个杜撰的故事一样：一个年长的锅炉工被请去修理一套失灵的供暖系统。他来到现场，问了几个问题，听了系统运行的声音，从工作服里拿出一把锤子，对着一根管道用力敲了一下。系统恢复了正常，他就回家了。整个过程只花了几分钟，而他后来寄来的账单却要价 500 英镑。顾客感到很愤怒，要求他列出详细的账单，因为他仅仅挥了一下锤子，就要收取这么高的费用。他回复道："挥动锤子——5 英镑，知道敲哪里——495 英镑。"

看不见的鱼

既然如此，你该如何判断一个人是不是专家？有时我们能一眼就认出专家。我们能看见他们的工作（音乐厅、剧院里的表演，展览中的展品，或者标本剥制师德里克这种人的作品），可以自己做出判断。有时我们信任他们的专业技能，却没有看到他们是如何工作的，比如外科医生、厨师或建筑师。这些专家似乎很神秘，我们大多数人都知道自己不可能做他们的工作。

还有些专家就在我们身边，但往往不引人注目。我们让熟练的机械师修理汽车，让管道工为我们安装新浴室，而我们却很容易忽略这些人有多专业。因为汽车和浴室实在是太司空见惯了，以至于我们忽视了做好工作所需要的技能。我们把这种专长看作理所当然，几乎不会加以留心。然而，这类工作都是几十年经验积累的成果。我们认为专家的工作有多大价值，很大程度上与我们对这项工作的看法有关，因此时常产生误解。对很多人来说，外科医生、飞行员和钢琴家几乎是最顶尖的专家，而车库修理工、泥瓦匠和水管工则要低级些。然而，成为专家的本质——找到问题核心的智慧、解决问题的技巧、判断与付出的关心，则不受这种毫无益处的贵贱之分的影响。

专家的价值受到低估，其中的一部分原因是熟悉——或者恰恰相反。大多数人都不熟悉动物标本剥制，所以德里克的专业性则是显而易见的。粉刷天花板的粉刷匠，或制作窗框的木匠可能需要拥有同等程度的艺术造诣、技术与科学知识，然而天花板和窗框实在是太稀松平常了，以至于我们意识不到这些工匠有多专业。事实上，外科医生与木匠所需的灵活性与精确性惊人地相似。他们都需要付出艰辛的努力。然而那种将外科医生置于木匠之上的等级之见却掩盖了两者的共同之处。成为专家的关键与你的领域无关，而在于你必须做些什么才能达到精通。

因此，成为专家的方法对于我们所有人都适用。我们每个人都有自己的兴趣与技能，无论是开车还是打网球，出版还是会计，使用电脑键盘还是演奏乐器。但是，无论你是在写电子邮件还是创作交响乐，你都更容易发现别人是专家，却不容易有这样的自知。然而，尽管我们常常对专家视而不见，但如果我们用心去看，就能发现他们。

这就像观察大自然一样。有一天，我和一位老朋友沿着河岸散步。他酷爱垂钓，并试图向我讲解他的兴趣。"是否钓到鱼并不重要，"他告诉我，"重要的是去寻找。"我不明白他的意思。当我们走到河湾处时，他指了指说："在那儿，你看见了吗？"我没看到什么东西，只有水面上的几片叶子上下浮动，还有在阳光下成群结队的苍蝇。"看，有很多。"他说，然后告诉我他发现的是哪种鱼。我一条也看不见。"放松点，看上一会儿，你也能看到它们。"他解释道。

我站在河岸上，让眼睛放松下来。渐渐地，我意识到，起初我以为的水面上的影子，其实是在水面下游动的鱼。我不知道是哪种鱼，但我意识到鱼就在那儿。我朋友从小就开始钓鱼了。他能把细微的线索联系起来，看出发生的事情。这些线索形成了一种语言，他能理解这种语言，而我却不能。水面上的涟漪、一闪而过的影子、闪烁的阳光、水面上苍蝇的飞行规律。他知道如何解释并理解这一切，甚至能据此区分不同种类的鱼。

专家就像这些看不见的鱼——他们就在我们身边，却藏在我们的眼皮底下。他们往往对自己的成就非常谦虚，甚至几乎不承认自己的成就。在本书里，我将像我的朋友那样，指出生活在我们身边的看不见的鱼。我会阐述如何发现专家，探讨他们的共同特征，并讨论这些东西对我们自己的生活有何启示。

研究专家很难。他们往往说不清楚自己做了什么。他们工作的诀窍已经成了无意识的习惯——连他们也不知道，几乎无法用语言来表达。但是，他们往往可以展示给你看。当你参观他们的演播室、工作室、表演现场、诊所或手术室时，你就能看到他们工作的样子。即便如此，要理解他们工作的精妙之处、他们做出的判断与他们在工作中的智慧依然很难。

你可能想知道如何找到这样的专家：他们的工作能与你产生共鸣，他们的经验能给予你启发。如果专家是看不见的鱼，那你怎么能找到他们呢？一种方法是去你知道的鱼会出没的地方，找一处鱼群聚集的河湾。英国的艺术工作者行会（Art Workers' Guild）就是这样的一个地方。

我是偶然间发现这个行会的。几年前，我在伦敦市中心的布鲁姆斯伯里区闲逛，最后来到了女王广场。这个地方在医学界很有名，因为这里有一些著名的医院，包括大奥蒙德街儿童医院和英国国家神经病学与神经外科医院。6 号楼大门上"艺术工作者行会"的漂亮标语吸引了我的目光。那天刚好是伦敦的"花园广场开放日"，那里的数百家组织都会向路人敞开大门。女王广场6号的大门半开着。我走了进去，发现自己来到了另一个世界。

我了解到，艺术工作者行会是由一批年轻的设计师和建筑师于1884年建立的。他们希望将美术与应用艺术平等地结合在一起。那是工艺美术运动的时代，而艺术家、纺织品设计师、作家和社会活动家威廉·莫里斯（William Morris）则是行会早年间的会长。现在，该行会会集了60多个领域的专家，从陶器到植物插画，从人像雕塑到建筑绘画，从装饰性石膏到珠宝制作，应有尽有。在大多数专家团体中（包括银匠、玻璃吹制工、印刷工或医生团体），所有成员都从事同一行当。艺术工作者行会恰恰相反。其会员遍及各行各业，我将在本书中介绍的许多专家都是该行会的成员。

这些艺术工作者深深地吸引了我。作为独立的工作者，他们都有高超的技能——只有在各自领域成为佼佼者才会受到邀请加入行会。作为一个团体，他们都相信精益求精的重要性，并且都为经年累月掌握一门艰深的手艺而感到骄傲。他们都不是寻常人，许多人非常古怪。自从我首次拜访那里之后，我和他们打交道的时间越来越多，最后我也应邀加入了行会。

与这些艺术工作者和其他专家（包括你会在本书中见到的专家）打交道，让我了解了他们的工作。虽然他们的工作与医学没有任何关系，但我开始发现他们的经历与我有相似之处。我可以借此机会验证如何成为专家的想法——这些想法演变成了你会在本书中看到的理念。在医生的职业生涯里，我已经历过成为专家的过程，我发现这张图与其他领域也有共通之处。

学艺模型

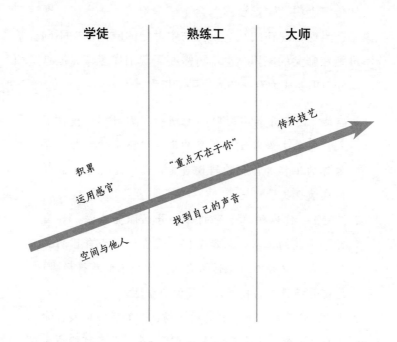

本书的核心就是这个"学艺模型"（apprenticeship model）。几个世纪以来，这个理论在欧洲广泛流传，在世界各地也有类似的理论。许多人认为该模型与中世纪工匠学艺的行会系统有关。尽管英国的许多学徒制度正在被社会、政治与工业化变革所淘汰，但该模型依然有助于我们的思考。在历史上，"学艺"是指学习一门手艺或行当，但对我而言，这个词也适用于各种专家——从动物标本剥制师到教师，从水管工到飞行员。即使大多数人没有仔细思考过这个模型，也能凭直觉理解。最重要的是，该模型形象地表明了进步的理念。我会以这个模型作为本书的框架。

从传统上讲，学艺过程包含了三个阶段——学徒、熟练工与大师。当然，现在的社会条件与中世纪的欧洲截然不同。学徒不再睡在师父的家里，也不再需要无偿工作多年，但是这种阶段划分为想要成为专家的人提供了指引。

1. 学徒：你在开始学习时一无所知。你观察、模仿别人，学着去做师父工坊里的那些事情。你的师父要为你的工作和你犯的错误负责，而你工作取得的任何成绩也属于师父。

2. 熟练工：你以独立专家的身份开始职业生涯。你离开了师父的工坊，周游全国。现在你要为自己的工作负责，必须面对犯错的后果。你会不断获得经验，磨炼并精进你的技能，发展你的个性。

3. 大师：最后你建立了自己的工坊，开始教授他人。你把自己的知识和专长传递给了下一代。你尽可能地照顾那些向你学习的人；你对自己的专业领域有着更广泛的责任意识；有时你甚至会引领这个领域的新方向。

这三个阶段是理解技能学习的有效方法，但它们是描述性的，而不是解释性的。这些阶段阐明了过程中的节点，但不会告诉你如何到达这些节点，或怎样才能知道自己何时到达。这些阶段将学艺过程分成了不同的部分，并将这些部分视为静态的。它们衡量了可以衡量的东西，但许多重要的东西是无法衡量的。有些改变体现在"你是谁"上，而不仅体现在"你能做什么"上。这个过程可能从外表上是看不出来的。它很难量化，甚至难以觉察。

许多研究关注的是"专长"，将其限定在客观的属性与能力方面。在这些研究看来，专长与获得专长的人是分开的。所谓专长，就是能够制作燕尾榫的木工手艺，或者把球投入篮筐的球技。但我更感兴趣的是人的内部发生了什么，成为专家的过程意味着什么，成为一位被同行、公众和外界认可的专家又意味着什么。我感兴趣的不是一个人如何制作燕尾榫，而是学习制作燕尾榫的时候发生了什么。

描述性的结论很少能提供行之有效的诀窍。如果你想成为专家，它们不会告诉你应该做什么准备，或者应该朝哪个方向努力。它们也不会告诉你可能需要多长时间，或者在途中会遇到什么问题。所以我把"学徒 – 熟练工 – 大师"的模型分解成了更小的步骤，也就是成为专家的诀窍。这些步骤构成了本书的章节。在前文的图中，我描绘了这些步骤与"学徒 – 熟练工 – 大师"框架的对应关系。当然，这些步骤并不总是按顺序进行的，不同阶段之间常有重叠，但它们阐明了大致的方向。

◉ 学徒

在最开始，你要做的是学习。你进入了别人的世界，学习按照他们的方式做事，而他们会为你的行为负责。我把这一步称为"积累"。你关注的是自己——你正在学习的知识和技能。你不可避免地会犯错，但你受到了保护，免受这些错误对于工作本身和你个人的影响。你成了这个实践社群的一员，这群人已经在做着你渴望学习的事情。这个社群通常会很支持你，不过你可能当时不会感觉到这一点。旁人不会期待，甚至不会允许你偏离既定的做事方式，尝试新鲜事物。你的任务是顺应传统，而不是创新。你的工作是重复、无聊、费力地完成微不足道的任务，甚至在你不理解的情况下也不得不做一些事情。

下一步是"运用感官"。这与"积累"的成果有关：你对自己学习的事情逐渐产生了理解。你开始熟悉这个你正在融入的世界了。你了解了它的运作方式。你会用自己的感官和思维、双手和身体，来感受自己所做的工作。无论你要成为一名石匠还是医生，无论你是在夜校学习制作帽子、成年后才初学双簧管，还是正在学习成为一名律师、电影制作人、会计或其他职业者，都会经历这一阶段。

最后一步是"空间与他人"，这与系统性地处理工作对象、使用工具有关。这就好比厨师所说的"准备工作"（mise en place）。在这个过程中，你会对工作中的人（你的同事、患者、顾客或客户）产生一种敏锐的感知。你会学习如何进入他人的个人空间，并在其中工作。

现在你已经准备好离开学徒阶段了。随之而来的是犯错和纠正。你有时会犯错，但到目前为止，你还是一个新手，会得到一些保护。你犯错误，是大家预料之中的事。你周围的环境已得到了妥善的安排。这样你、你的同事和工作场所就受到了保护，免受你错误的影响。你会从那些无关紧要、可以被替代的事情做起。有人会告诉你何时偏离了正轨，以及如何纠正错误。你处在一个安全的空间里。但是在下一阶段，这种情况就开始发生改变了。

⦿ 熟练工

　　现在，你已经独立了——为自己的工作及其影响负责。从学徒到熟练工的转变包括两个关键的变化。我将第一个变化称为"重点不在于你"，这句话是从与我合作过的魔术师那里借用来的。这种转变需要你彻底改变关注的焦点，把注意力从自己身上移开。专业工作是为别人做事。在某个地方，有一名受众——你所做的事情会影响这个人，不过你并非总能直接看见他。受众可能近在咫尺，比如音乐会、足球赛或戏剧的观众。在这种情况下，专家与受众同处一个空间与时间，工作的完成与接受是同步的。但是在其他领域，受众并不总是与你在一起，工作的完成与接受是不同步的。陶艺师在工作室里制作花瓶时，可能没有人在一旁观看，但他们仍然希望自己的作品被人看到，无论是在商店、展览还是展示会上。虽然制作花瓶的过程不被人看见，但总是有受众的，即使这些受众仅存在于理论上、远方或者完全未知的地方。

　　无论你是艺术家、科学家、医生还是机械师，这一阶段都要求你把注意力从自己身上移开。这就是"从你到他们"的转变。"他们"是指接受你工作的人——你的观众、患者或顾客。这是一种至关重要的转变，不过在你成为专家的过程中，这种转变并不会发生在固定的时间点上。有时根本不会发生。可能你在技术上很出色，但依然关注自己，罔顾或破坏了你工作的核心。在我的职业生涯中，偶尔会遇到不守规矩的外科医生做一些不必要的手术，或者未经患者同意就进行实验，他们的技术往往很高超，但他们歪曲了工作的目的。他们认为工作主要是为了自己，而不是患者。

第二个变化是"找到自己的声音"。这句话是我从爵士乐领域里学来的。爵士音乐家会创造个性化的标志。作为一个表演者，到了某种程度，你就不再是他人机器里的一颗齿轮了，而是凭借自己的本事，成为专业工作中的一个创造者。当你形成自己的风格时，你就发展了自己的个性。现在，你真正塑造着自己的工作方式，并为之赋予你的特色。你要为做自己、建立自己的身份认同承担责任。这需要信心和自我信念。这是一个微妙的过程，因为这个过程需要与"重点不在于你"的转变同时发生，这样就不会让你变得傲慢或以自我为中心。你不仅要找到作为专家的新身份，还要时刻意识到自己工作是为了谁，在这两种之间找到平衡。当你成功做到这一点时，在那些接受你工作的人眼中，你就成了一个独立的、鲜明的形象。

在这两种转变的同时，你还要学会随机应变。此时，你要为工作的成败负责，要处理你所面临的境况。你可能会像我过去那样，领导一个外科团队。你可能是一个在自己领域里耕耘的科学家，或者是创业的商人。你可能会写小说、在公众面前表演，或者领导自己的部门。无论你在什么行业，你都会面临意想不到的事情，而你将不得不随机应变。当事情出错的时候，需要你来处理它们。与此同时，作为一名熟练工，你拥有一些自由。你可以发展新的理念，挑战现有的方法，在你所做的事情上留下自己的印记。我们将会看到，有些最有创意的飞跃源于偶然的灵感，没有人能意料到或预先做出计划。随机应变是成为专家的标志。

◉ 大师

此时，你已经在自己耕耘已久的领域里成了专家。有些人走得更远，重塑了自己的领域，引领它进入了不同的境界。在第 10 章"改变方向"里，我会探讨重塑自己的领域，将其带入新方向意味着什么。本书中的许多专家正是做了这样的事情。其中一人就是约翰·威克姆（John Wickham），他是推动锁孔手术发展的关键人物。

在最后一步——"传承技艺"中，你会与别人分享自己的专长，帮助他们成长。这需要你在关注点上再次做出"从你到他们"的转变，但这一次，"他们"指的是你领域内的人：学生、学徒以及你所在的实践团体或社群里的同事。"传承技艺"会迫使你思考自己的思维方式——弄清自己所做的事情，把自己积累多年的专长提炼成可以分享的东西。并非所有的专家都会专门这样做，比如开班授课或举办研讨会。有些专家根本不会做这些事。

他人在学习的时候，必然会犯错。就在这个时候，你要承担起支持他们的责任。如果出了差错，你就得承担责任。你也可以通过其他方式"传承技艺"。你可以写书，或者通过电视、广播或互联网分享自己的工作。无论以哪种形式，"传承技艺"是成为专家的标志，是对你拥有值得分享的东西的认可。

成为"大师"不仅需要你把自己所知的东西传承下去。这是一种关心他人的关系。你不仅是一名教师，也是导师和教练。你要为跟随你的人负责，要为自己的领域做贡献。你通常会产生一种责任意识，关心你所坚信的事业的持续发展。许多专家会加入一些委员会、成为教师，支持学习者和学习团体。成为专家的过程永远不会结束，但大师的时间总是有限的。

这条成为专家的道路，会让事情听起来比实际上简单。专家往往不知道或不承认他们已经成了专家，尤其是因为这条道路没有终点。你很难知道自己何时成为专家。你可能在某些领域是专家，但在另一些领域则不是。

专家往往是最后一个认识到自己是专家的人。他们可能会觉得自己名不副实，不断地担心自己的真面目什么时候会被揭穿。其他人想要来向他们学习会让他们感到很惊讶。他们可能不会觉得自己已经取得了"大师"的地位，但这不意味着他们不是专家。这只是意味着成为专家与拥有专长是不同的。通常只有其他人才能看清这两种之间的区别。

从新手到专家的过程不是一条平坦的直线。这些阶段的划分也很少像我说的那样清晰。这趟旅程是走走停停、断断续续的，经常让人觉得好像前进了一步，又后退了两步。成为专家在于身份认同，在于成为一名标本剥制师、裁缝或电脑程序员，而不仅仅是能够做那些人做的事情。

这是一个微妙而重要的区别，涉及一种本体的转变——一种"你是谁"以及"你能做什么"的转变。这种身份认同的形成需要很长时间，而且可能很可怕。一路走来的经历有着深远的影响：一个严重的错误可能造就新的抗逆力，也可能让你一蹶不振；额外的责任可能打开新的视野，也可能带来让人无能为力的不安全感。所有这一切汇集成经验，塑造了你所成为的人。

本书描绘了一条道路：从一无所知到传承一生的智慧。如果你知道这条路需要多年才能走完，那么当事情进展不顺时，你就不太可能在几个月后就放弃了。路上会有坎坷——漫长的无聊与沮丧，似乎毫无进展的暗淡时光，有时还想把一切抛到一边。这幅地图也许能帮你。虽然这幅地图不能在下雨时让你保持干爽，但你至少不会迷路。

你不会在一夜之间成为专家。这需要花费很长时间，付出很多努力。若非如此，这一切就不会发生。但是，到底需要多长时间、多大努力？很难说，因为这在很大程度上取决于每个人的特点。在接下来的章节里，我会讲述那些已经成为专家的人的故事，并试图从中总结他们共同的经验。其中一些故事，与这些专家必须发展的技能有关，与他们学到的观察和做事方式有关。更重要的是他们在一路上产生和获得的思维方式，以及自我意识的转变。

成为专家的过程是很难明确界定的。没有明确的"到达终点"的时刻。你永远处在"成为"的状态中。你可能在某些领域高歌猛进，而在另一些领域则不尽如人意。这是真正专家的特点。他们总是对自己的现状不满，总是意识到自己能做得更好。

专家知道他们不会永远原地踏步。这就像逆水行舟，不进则退。你可以为自己的工作感到自豪，但你永远不能说你已经达到了巅峰。你必须继续前进，付出精力，否则就会停滞不前。

本书的结构

本书讲的不是如何做那些专家做的事情。那个话题可能很有意思，但不是我的目标；我不想成为一名标本剥制师，我猜那也不是你的目标。本书讲的也不是作为抽象术语的"专长"，但我确实借鉴了许多他人的著作。

相反，我提出了一项挑战，要超越那种把水管工、神经科学家、陶艺师、魔术师和心外科医生划分为不同领域的、以学科为基础的思维方式。我强调了专家之间的相似点和不同点，并描绘了一条从稚嫩新手到明智导师的道路。

这本书讲的是真正的人。

接下来的章节中有一条主线，也就是我个人的视角。这样我就能讨论他人不能或不愿说的事情。我总结了亲身经历：我犯的错误、我的想法，以及我多年来形成的观念。在我的例子里，很多这些东西都与医学有关。这是不可避免的，因为我是医生。我强调临床工作的经历，并不是因为医学领域的专业性异乎寻常，而是因为这恰好是我的故事。如果你来写这本书，主线可能就大不相同了。在这种情况下，你就会借鉴其他的例子，阐述其他的相关论据。但是，这些阶段和主题是相似的。

在我的职业生涯里，我改变过几次方向，我现在依然在这样做。我做过外科医生、家庭医生、学者和大学教师，我在这些领域都很得心应手。我也有其他兴趣。作为一名业余的音乐家，我的水平还很一般——比专家差远了。我对制作羽管键琴和开轻型飞机感兴趣，但从没有超越初学者的水平。我们每个人在生活中都做着不同的事情，在成为专家的路上，我们总是处在不同的阶段。我只是描绘了最贴近我生活的路线，以便进行比较。

不过，在故事的不同时刻，我会引入其他线索、其他专家的例子。约书亚·伯恩（Joshua Byrne）就是其中之一，他是一位与我合作了十余年的定制裁缝。乍一看，约书亚和我的世界相去甚远。毕竟，医学是一门科学，而裁缝是一门手艺——或者看上去如此。然而，我们的经历却惊人地相似。我们经历了相同的阶段，面临过相似的挑战。通过比较我们的经历、困境，以及我们看待世界的方式，我会描绘出从学徒到大师的道路。

我也会介绍更多在各自领域内拔尖的人。我已经介绍了标本剥制师德里克。这些年来，我还有幸认识了许多这样的人。有些人是医学和科学领域的同事，有些人是视觉与表演艺术方面的专家，还有飞行员、魔术师、工匠。我在他们的工作室、工坊和实验室里观察过他们，并与他们交谈了好多个小时。这些见解构成了我研究的支柱。

虽然我从事的是医学，但我现在并非执业医生。如果说我是什么方面的专家，那就是教育。在与学生和实习外科医生一起工作时，我发现他们会在我说的那些步骤上遇到困难。我看到他们要处理无聊的重复性工作、发展双手与身体上的技能、纠正错误、与他人一起工作，然后继续走上教学岗位。我也读过其他人写的关于"专长"的文献，试图理解他们的理论和理念。

在你阅读本书的时候，另一条主线会浮现出来——你的主线。每个人或多或少都有成为专家的经历。无论你是一生都投身于一个目标，还是只想在自己喜欢的事情上做得更好，成为专家的渴望存在于我们每个人的身上。成为专家很难，但并非不可能。这就像跑马拉松一样：只要训练时间够长，持之以恒，每个人都能做到。我们中很少有人能成为世界冠军，但我们都可以尝试。

专家面临的威胁

为什么成为专家很重要？我会在本书的最后一章尝试解释这个问题。几个世纪以来，学徒制要求人们经历漫长的过程，最终掌握一门技艺。虽然成为专家会带来回报，但回报不是立竿见影的。这个过程没有捷径，也没有即时的满足。这一点与我们的社会越来越格格不入，社会不再能容忍慢吞吞地做事了。大家已经没有耐心了，他们想看到结果。他们不希望在独立工作之前，还得在别人的工坊里待上好多年。

在某些方面，专家个体的工作受到了高度重视，尤其是在这个步调一致、大规模生产的世界里。与此同时，专家群体正在贬值，他们的技能正在遭到遗弃。这在一定程度上是因为最终结果（一套西装、一个花瓶或一次成功的手术）隐藏了专家们为之付出的心血。其中蕴含的专业技能越多，你就越难以注意到。所以大家很容易以为自己或任何人都能做到同样的事情。

但是社会对于专长的评价也越来越低。专家被视为可有可无的精英，因为曾经专属于他们的信息，现在点点鼠标就唾手可得。然而这是一种危险的误解。信息不是智慧。智慧才是专家提供的东西。

我们一直都需要专家，我相信我们以后也是如此。这在一定程度上是因为他们能为我们做的事情：他们提供的服务，以及他们创造的事物和体验。但同样重要的是，他们鼓舞了我们。他们告诉了我们，如果我们真心想做，就能够做到什么。在本书的最后，我会回到"为什么专家对我们所有人都很重要"的问题上，并回答我常常听到的问题，例如：我们为什么要成为生活某些领域的专家？为什么专家受到了威胁？我们能对此做些什么？

　　在本书开篇处，我写到了标本剥制师德里克给他的云豹标本摆的造型。但现在，我们要离开德里克，回到几十年前，去南非约翰内斯堡郊外的一所医院。我现在来到了西蒙⊖的手术室里，他正在被开膛破肚。

　　⊖　为了保密，我修改了书中所有患者和临床同事的名字和其他细节。

第 **2** 章
Chapter 2

外科医生与裁缝

　　1981 年，我在巴拉瓜纳医院的 B 紧急手术室，准备开始为一个外伤患者做手术。巴拉瓜纳医院位于南非的索韦托——当时这里是世界上暴力最为泛滥的地区之一。周六凌晨四点，20 岁出头的祖鲁族青年西蒙被刺伤了。我刚见到他时，他正躺在转运床上，一节肠子从他腹部的伤口中流了出来，摊在他身上的床单上。夜复一夜，常有像西蒙这样的患者被推进手术室（我们称之为"手术坑"）进行紧急治疗。

　　我来巴拉瓜纳医院的时间不长，但我已经习惯了看到患者的肠子挂在外面——就像教科书里讲的除脏术一样。我知道那些看起来很夸张的病例并不是最危险的，但西蒙的病情很危急。他没有任何反应，正逐渐失去意识，血压也在下降。他肯定是内出血了，需要马上动手术。

　　我们急忙把他送去手术室。我们接诊的人手不足，只有几名外科医生值班。他们都在其他手术室里，处理他们自己的患者。我只有 20 多岁，渴望亲手动手术，但还很稚嫩。我在巴拉瓜纳医院做了一年左右的外科住院医师，现在我已经可以独立做这样的手术了。

在有选择（计划）的情况下，你可以从"简单"的手术做起，逐步积累经验。但对于外伤手术患者，你永远无法知道自己会面对什么。尖刀和子弹不理会解剖学上的难易，一开始看起来简单的病例，可能很快就会变得像噩梦一样棘手。我把手洗干净，在脑子里想象着可能会遇到的情况。我既兴奋又害怕。

西蒙一进入麻醉状态，我就给他的皮肤消了毒，盖上无菌洞巾，然后在他的腹壁上切开一个口子。我继续往里切，直到切开腹膜腔。暗红的血涌了出来，我什么也看不见。一块块玉米残渣漂浮在血液里，突然出现的酸啤酒味表明腹腔受到了污染——至少伤到了胃。但是我的首要任务是止血。

血太多了，一开始我都不知道血是从哪儿来的。此时我很容易只顾自己能看到的第一个出血点，但我强迫自己放慢速度、着眼全局，依次检查每个器官，然后决定先做什么。肝脏、胃、小肠、大肠、脾、盆腔器官。我一个接一个地检查，有时用眼睛看，有时用手摸索，去感觉我看不到的部分。

我猛然意识到刺伤比我想象的更深。伤口向下延伸到了胰腺的上部——对任何外科医生来说都很棘手，对我这样经验不足的人来说就更难了。血液不断地阻碍我的视线，我感到越来越恐慌。万一我无力应付，患者在手术台上失血而死怎么办？

成为外科医生

和西蒙一起在手术室里的那天晚上，我当然不是什么专家，尽管我在督导之下做过不少手术。我已经开始独立做事，为自己的决定负责，但我没有太多主刀重大手术的经验。用我在前一章里概述的学艺之路来说，我早已进入了学徒阶段，开始成为一名熟练工。

来到大约 40 年后。与那时相比，我的职业生涯走向了意想不到的方向。我现在不是创伤外科医生了，甚至都不见患者。相反，我成了伦敦一所大型高校的教授，专攻外科教育。我花了很多时间探索人如何成为专家，而现在我正在写作本书。这份工作与我的起点相去甚远，现在我会解释我是如何一路走到这里的。

在 1981 年的索韦托，当我开始为西蒙做手术时，我已经学医十余年了，接受了很长时间的外科医生训练。前六年的训练是在医学院进行的。然后我的职业生涯正式开始了。我取得医师资格后，先做了一年实习医生。然后我回到了我的母校，花了一年时间给医学生讲授解剖学。这是因为我决定做一名外科医生，需要通过皇家外科学院初级院士的考试，这是一系列令人生畏的解剖学、生理学和病理学考试。这是获得终极院士资格的必经之路，对于将来成为一名顾问医师至关重要。在求学时期，我的解剖学知识可以说不太扎实，我意识到学习的最好方式就是教学。

在教授解剖学以后，我又在骨科、事故与急诊科和产科担任过实习医生。然后，有一个在南非待上一年的机会出现了。

我抓住了这个机会。不久，我就来到了世界的另一头，置身于陌生而迷人的环境里。这次经历非常有趣，于是一年变成了两年，然后变成了五年。我完成了外科专科医生的培训，在南非成为一名顾问医师。

大部分时间我都在巴拉瓜纳医院（即现在的克里斯·哈尼·巴拉瓜纳医院，或简称"巴拉"医院）工作。巴拉瓜纳医院位于约翰内斯堡郊区的索韦托（Soweto）——其全称是西南镇（South West Township）。当时索韦托的人口有一百多万。巴拉瓜纳医院是当地唯一的一家大医院，也是世界上最繁忙的医院之一。当时正值种族隔离时代的末期，我看的所有患者都是黑人。他们来自五花八门的文化背景，说着许多不同的语言。我从来没有过这样的经历。

虽然我们给患者做过各式各样的手术，但很多时候我治疗的都是遭到刺伤或枪击的年轻男子。周末特别忙碌，因为约翰内斯堡的移民工人会在发薪日喝得酩酊大醉，用大砍刀（有时也会用枪）相互攻击。那种工作让人筋疲力尽，我经常连续工作 36 个小时不睡觉。当然，我们治疗的也不全是暴力造成的伤口。我们有许多老年患者患有可怕的疾病，比如食道癌。这种疾病在非洲的那个地区尤其普遍。我们有相当多的患者患有溃疡穿孔和绞窄疝，我在英国时就经常见到这些疾病。我也遇到过我读过但未见过的疾病，比如伤寒。许多工作都是重复和例行的。我也会一连好多个小时待在"脓肿治疗室"内，给患者身上常见的脓肿引流。但我最熟悉的还是创伤外科手术。

在周末，巴拉瓜纳医院看起来就像战场——几年后我才会见识真正的战场。在巴拉瓜纳医院，患者一到就会按照分诊程序进行分类。伤势最严重的患者通常都失去了知觉。经常没有人知道患者的名字。直到朋友或亲属来确认他们的身份之前，他们在病历上会被登记为"星期六第 x 号无名氏"。我们会把他们放在推车床上，在额头上贴上红色的"紧急"标签，盖上一条灰色的毯子，再推进名副其实的"手术坑"里，那里的医生和护士会让他们的状况稳定下来。待命的外科手术团队会进行评估，做初始复苏，并将危及生命的伤者直接送入手术室做手术。西蒙就是一名这样的患者。

在手术室里，西蒙流血不止。我开始感到恐慌。幸运的是，我的洗手护士拉马福萨经验非常丰富。我今晚的第一助手是一名刚取得医师资格的医生，他不喜欢手术。他通常不去手术室，因为他在那里帮不上什么忙。幸好他至少能拿稳牵开器，让我能清楚地看到西蒙的腹腔。

最后，我全面的检查取得了成效，我在小肠系膜里发现了一条被切断的动脉在搏动，这条纤细血管的作用是为小肠提供血液。我还没来得及思考，拉马福萨护士就将一把动脉钳放在我手里了。我夹住血管，过了一会儿，事情开始进入掌控之中，我的呼吸变得更轻松了。没有人说过一句话。

这样我就有时间更仔细地检查了。这种刺伤很棘手，因为你不知道刀有多长，也不知道刀是朝哪个方向刺的。有时一个小血块是体内严重损伤的唯一线索，这就是为什么我必须做全面检查。我动了动结肠，它看上去有点可疑，所以我要检查它的后方。我剪开把结肠固定在西蒙后腹腔壁上的薄膜，轻轻地将解剖层分开。当我的手靠近十二指肠和胰腺时，我感到非常害怕。修复这里的伤口远远不是我能从容做到的。我仔细地观察，一厘米一厘米地摸索。虽然有些淤伤，但没有任何重要结构受到严重损害。我如释重负。

接下来是一个小时的切割与缝合：切除一段小肠，将两端重新缝上，缝合胃的伤口。这些事都是我在教科书中读过、看别人做过上百次的，但很少自己动手做。经过最后的检查，我很满意地看到我已经修复了所有的损伤。我用缝合线缝合了西蒙的腹部，包上敷料，取下沾满血迹的绿色洞巾。我的手术服也湿透了，我得先去换衣服才能开始下一场手术。

打开一个人的腹腔，观察内部状况的手术叫剖腹术。我在课本上学过这些步骤，但书本不会告诉你做手术是什么感觉，也不会告诉你当你意识到自己能力不够时该如何应对。写教材的人有那种经历，但当你开始学习时，你却没有。你和他们讲的还不是同一种语言。即便是切开一个活人身体的感觉也很难描述。鲜活肉体的滑腻感、器官在手指下搏动的感觉、器具锁定到正确位置时发出的咔嗒声——更不用提你在做大手术时心脏的怦怦声，或者出错时胃里的恶心感。你在书中读到、在电视上看到的任何东西，都不能让你为真正的手术做好准备。

也没有任何一本教科书描述过手术顺利进行时的生理愉悦，或手术出问题时的恐惧。没有书籍提到过当你看见危重患者经过你的手术，康复出院时的满足感。现在回想起来，我仍然能感受到切开西蒙腹部时的那种既兴奋又恐惧的感觉。我不知道我会发现什么。我不知道我能否应付得来。可一旦我开始手术，我就忘记了焦虑。这件事不再是关于我的了，而是关于西蒙的。我必须弄清他的伤势，尽我所能来修补。就像老师教的那样，我精神高度集中，专注于手术的每一步。幸运的是，结果一切顺利，但我事后会反复回想，想知道我能否做得更好。

那次手术之后，我意识到自己来到了一个转折点。我那时根本不是专家——还差得远。我还在学徒阶段。但是，我成功地克服了我的焦虑，做了一台困难的手术，结果很好。我第一次觉得自己成了一名外科医生，而不仅仅是一个会做外科手术的人。

后来，我发现许多领域的专家都会有这样的经历。当然，我在做手术的时候，并没有想到其他领域。我是个实习外科医生，用我的科学知识和身体技能帮助伤者康复。我从未想过我可以向裁缝、音乐家、发型设计师或战斗机飞行员学习。几十年后的今天，我希望我当时能意识到这一点。

成为全科医生

在接下来的几年里，给西蒙这样的患者做手术成了例行工作。有些最紧急的患者被人刺伤了心脏。我们在周末通常会有好几例这样的患者，有时会更多。最后，我已经习惯于全速跑过走廊，去手术室为心脏快要停止跳动的患者动手术。片刻之间，我们把患者抬到手术台上，然后切开皮肤，用锤子和凿子劈开胸骨，切开心包囊，在喷血的心室上缝合。一旦情况得到控制，患者的血压上升，我们的血压下降，我们就能松一口气了，然后我们再缝合胸腔。

在巴拉瓜纳医院工作近三年之后，我觉得我已经掌握了创伤外科手术的窍门。我想丰富自己的经验，于是搬到了开普敦。

我决定在格罗特·舒尔医院继续我的训练，这所大学附属医院因世界上第一台心脏移植手术而闻名——于 1967 年由克里斯蒂安·巴纳德（Christiaan Barnard）操刀。在格罗特·舒尔医院，我仍要治疗许多创伤患者，但我也在一些肝病、肠道外科、神经外科、小儿外科和重症监护领域的世界一流专家手下工作过。在这些专业领域轮转，我获得了广泛的经验，事实证明这些经验是无价的。我参加了皇家外科学院终极院士资格考试，成了一名顾问医师，在开普敦儿童医院担任了几个月的小儿创伤科主任。我在名义上独立了，因此正在从学徒过渡到熟练工。

那时，我已经在南非待了五年多，但我从未打算在那里一直待下去。我父母住在伦敦，母亲患上了癌症，病情严重。我该回家了。不过在回国之前，我在奥沙卡蒂做了几个月外科顾问医师。那是纳米比亚的一个偏远小镇，也是奥万博人的故乡。到达那里的时候，我发现奥沙卡蒂位于靠近安哥拉的边境上，当时南非和安哥拉在打仗。虽然我见过很多创伤，但从未在真正的战区工作过，也没有意识到那里有多危险。我发现自己被推进了一个从未见过的世界。从任何意义上讲，这都是一次烈火的洗礼。

最难熬的是，我很孤独。在开普敦的时候，总有人问我是不是陷入了困境。在奥沙卡蒂，我才是真正的孤立无援。医院很大，光是外科就有两百多张病床，但是医院长期人手不足。我去那儿的时候，负责手术的外科医生已经连续工作三年多没有休息了。我到医院时，他手里拿着一个手提箱——他当天就离开了，我再也没见过他。我发现自己要负责 200 个外科患者，只有两个实习医生协助我。

在奥沙卡蒂，我必须快速成长。除了已经在病房里的患者，每天还有新的重伤患者涌入。大部分时间里，我的工作都不是我能轻松应对的。除了日常的外科问题以外（比如给脓肿引流、处理阑尾炎），我还得照顾那些被路边爆炸装置炸伤或者被火箭弹击中的人，他们的伤势通常非常可怕。我必须学会随机应变，做那些我听过但从未见过的手术——更别提做过了。

有些最可怕的伤口是白磷榴弹造成的。磷会灼烧患者的皮肤，几乎不可能去除。一位在手术室工作的奥万博姐妹教会了我该怎么做。你要给患者做全身麻醉，把他们放在手术台上，然后关掉所有的灯。你会看见患者的哪些身体部位在黑暗中发光，然后用手术刀把这些部位切掉，或者用钢丝刷将其刮掉。这就像噩梦一样。我在北威尔士做实习医生的时候，从没有人提过白磷榴弹。

这就是我所说的"成为专家之路不是平坦的直线"。在奥沙卡蒂，我在培养自己作为外科熟练工的"声音"，但这项工作的要求远远超过了我的知识与信心。我要为自己的决定负责，而我有时会犯错。然后我的患者和我就不得不面对这些后果。

当回到英格兰的时候，我来到了职业生涯的另一个转折点。作为一名在非洲行医多年的外科医生，我花了很长时间做手术，然后在患者开始康复的时候照料他们。可他们一出院，我就再也见不到他们了。我意识到，对我来说，这样的工作缺少了一些东西。我想了解患者之后多年的故事，而不是几天或几周里的事情。我也想了解其他门类的医学。

还在开普敦的时候，有一天我正在翻看一本过期的《英国医学杂志》（*British Medical Journal*）的最后几页。我看到一则英格兰中部城市利奇菲尔德（靠近伯明翰）招聘实习全科医生的广告，实习期为一年。截止日期早已过去，但我还是寄出了申请书。令我惊讶的是，几周后，他们回信给我，把这个职位给了我。所以我最后改变了自己的专业方向，重新接受培训，成为一名全科医生——一名家庭医生。这个跨度很大，我的朋友们都认为我疯了。我知道这有些冒险，但我觉得这会很有趣。的确很有趣。

　　从外科转到全科很难。我还得再做一次学徒。在我做全科实习医生的时候，我学到了很多东西，不过大部分都不是新的知识或技术，而是将我的知识组合在一起的新方法。我没有完全回到起点，但我确实必须学习另一种医学。

　　在实习的一年结束后，我开始寻找工作机会。那时全科医生的竞争很激烈，抢手的职位经常有超过 150 个申请者。我很幸运。我得到了一个在特罗布里奇与七名全科医生合作的机会。特罗布里奇是一个距离伦敦大约 100 英里○的小镇。我在那里度过了接下来的 17 年，这段时间足够让我经历本书中的几个步骤。起初，我是个初出茅庐的熟练工，为自己的工作负责，但仍有很多需要学习的东西。随着自信的增长，我开始形成自己作为全科医生的风格。随着时间的推移，我开始传授我的知识，教导和支持其他医生，而他们也逐渐成了专家。

　　作为全科医生，我逐渐开始用一种不同的方式来运用我从医院专科医生的生涯中所获得的知识和技能。我从外科训练中受益匪浅。不过在外科的工作中，你要在相对较短的时间里与

　　○　1 英里≈1.61 公里。

患者做高强度的工作，而在全科的工作中，情况恰恰相反。你要通过多年来短暂、多次的接触来了解你的患者。我拥有形成自己风格的自由——换言之，那就是我在本书中讲的"声音"。

成为学者

我的实践工作稳定下来之后，我就为那些想做小手术的全科医生开办了一门课程。但是，一旦我试图将我从早期职业生涯中得来的外科知识具体地讲授出来，我就发现这难得出奇。我试了几种方法，包括写教材，但没有一种方法真正奏效。治疗像西蒙这样的外科患者的经验告诉我，书籍并不总是有用的，所以我最后与皮肤科顾问医师朱莉亚·斯科菲尔德（Julia Schofield）、新成立的医疗模拟产品公司 Limbs & Things，以及解剖学图形公司 Primal Pictures 合作，开发了一款多媒体软件。我们将硅胶模型和计算机图形结合在了一起，这样医生就可以在家里练习外科技术。

尽管我在此之前已经做了很多教学工作，但我从未正式研究过教育。我想了解更多，于是在附近的巴斯大学取得了哲学博士学位。在学习的时候，我把自己的教学和学习经验与我领域外的人所写的东西联系在了一起。我读了他们的书，研究了他们的理论，并试图将这些东西与我自己的想法结合起来。这促使我做出了第三次职业转型，来到了帝国理工学院，也就是我目前供职的大学。

我在帝国理工学院又回到了最初的起点，我发现自己又和外科医生待在一起了。但这一次，我是在教他们有关教育学的知识，而不是自己动手做手术。我在外科教育学方向创立了一个教育学硕士学位。多年以来，这个学位在世界上是独一无二的。与此同时，我创造的模拟设备将做手术的身体技能与照料患者的人际技能结合在了一起。我建立了一个研究小组，开发了成本低廉又逼真的外科手术复制品，它可以放进汽车的后备厢，在任何地方组装。我们甚至还与设计工程师合作，开发了一种可充气的"小屋"，你可以用轻便的道具来模拟置身于手术室的感觉，而不需要大量的设备。

我的第一个想法是用这种便携式的模拟设备来训练外科手术团队。当我意识到可以用不同的方法来利用这种设备时，我产生了顿悟——我可以邀请患者和公众参观手术室，甚至参加模拟手术。我们提出了"相互启发"的理念，它改变了每个参与者的视角——外科医生、患者与公众。

这些模拟设备能让那些经常感觉被排斥在医学和科学世界之外的人参与讨论。我喜欢上了公众参与，在接下来的几年里，这成了我工作的焦点。我和团队里的其他人一起，在科学节、博物馆、街头集市、公园和音乐演出场所举办了数百场活动。在这些活动中，我关注的不是解剖学与疾病的细节。相反，我探索的是外科手术的呈现与技艺。这后来引出了我的主要研究领域——探索能够与医学领域之外的专家产生联系的地方。

伦敦帝国理工学院是从事这项工作的理想场所。在伦敦南肯辛顿主校区的几码⊖之内，就坐落着一些世界上最好的博物馆和相关机构。其中包括科学博物馆、维多利亚与艾尔伯特博物

⊖　1 码≈0.91 米。

馆、自然历史博物馆、皇家艺术学院与皇家音乐学院。不远处还有艺术工作者行会、伦敦城市与行业协会艺术学校、皇家美术学院和惠康信托基金会。多年以来，我和所有这些机构都建立了关系。

有些关系变得更加正式了，比如皇家音乐学院与伦敦帝国理工学院表现科学中心（Centre for Performance Science）的成立。该中心是由我在皇家音乐学院的同事亚伦·威廉蒙（Aaron Williamon）和我成立并共同负责的。2019 年，我成为皇家美术学院的解剖学教授，这一职位最早由著名解剖学家威廉·亨特（William Hunter）于 1769 年担任。今天，我跨越了许多学科的边界，试图弄清成为专家意味着什么。

裁缝

现在谈谈约书亚·伯恩，这位定制裁缝的理念对我影响极深。我们都经历了从学徒到大师的过程，一路上都有起起伏伏。虽然我们的专业领域完全不同，但我们的道路却出奇地相似。

2009 年的一个炎热的夏天，我遇见了约书亚，当时我正在发展自己的第三份职业——学者。约书亚的工作室位于萨维尔街附近。几个世纪以来，伦敦的这条街道一直是定制裁缝的圣地。我第一次见到约书亚时，他正弯着腰，面前是一件做了一半的西装上衣，收音机里放着板球比赛的解说。约书亚身材高大，留着络腮胡，衣着得体，性格温和，散发着人格魅力。我从没有和裁缝说过话，他也从没有和外科医生说过话。裁缝和外科医生通常没有机会见面，我也不知道会发生什么。他似乎和我一样好奇，想知道我们能有什么共同之处。

　　我注意到的第一件事就是约书亚的专业技术，以及这种技术与我自身的经验有何共通之处。当他讲述如何制作西装时，我对我们俩都会用到的缝线方式感到惊讶。在学徒时期，约书亚花了数年时间学习针线，把袖子缝在上衣上，为西装的多层面料定型。我在做外科医生的时候也做过类似的事情——缝合肠子或血管。随着谈话的进行，我们发现了更多的共同点。原来我们两人都经历过两次学徒期：一次关注专业技能，另一次更关注人。我们都对我们技艺的原则和支撑这门技艺的理念着迷。

　　约书亚在大学里的专业是农业与经济学。在二年级的时候，他在一部电影里偶然看到了一个裁缝作坊的简短场景。突然，他意识到这就是他想做的。当时在爱丁堡没有做裁缝的机会，于是他离开大学，前往伦敦当学徒。就像标本剥制师德里克一样，约书亚的一个顿悟改变了他的职业生涯。

　　约书亚告诉我，裁缝分为两种。"制作"（或"缝纫"）裁缝是制造的专家。他们根据"剪裁"裁缝的具体要求制作西服套装和西装上衣，而后者负责设计服装并与顾客交流。两种裁缝的技巧都很高超，但他们的工作是不同的，属于不同的领域。学徒通常会选择其中一种方向，然后在整个职业生涯中一直从事裁缝行当的这一部分，但约书亚不是这样的，他在这两方面都受过训练。我也做过类似的事情，从外科医生转做全科医生。我们都在同一专业里做了两次学徒。这在我们的领域里，都是不同寻常的。

我请约书亚让我看看"制作"裁缝的工作。他向我展示了如何把袖子缝到西装上衣上。看着他轻松自如地使用针线，我回想起自己在非洲缝合刺伤的外科医生岁月。于是我请求他让我试试缝纫。尽管我上次做大手术已经是 20 多年前的事了，但我认为这很简单。毕竟我有多年的经验——这能有多难呢？

西装上衣放在腿上，手里拿着针，唯一的光源是一扇窗，我顿时发现了这有多难。我完全不知所措。我手足无措，连这最简单的事情都做不到。我似乎失去了多年来一直在完善的缝合技巧。那感觉糟透了。

事后回想起来，我意识到尽管我们的技能有明显的相似之处，但我们的工作方式却完全不同。我习惯于在团队中做手术，穿着手术服，戴着乳胶手套，站在明亮的灯光下。在我需要的时候，会有人给我递来器械和缝合线。在我缝好后，会有人把它们拿走。每当我想下针的时候，像拉马福萨护士这样专业的同事就会递给我一根装在特殊器械上的弯曲的针。

在约书亚的工作室里，所有这些都不见了。裁缝独自工作。他们用的是直针，用手指直接拿针，而不是用器械，也没有人给他们递东西，或者把东西收走。这让我开始质疑自己对于成为专家的了解。我意识到，我的技能只有在相应的情境里才有意义。到了约书亚这里，我的情境就变了。这让我突然意识到了这一点。离开了团队，我感到不知所措。

虽然约书亚的工作与我不同，但我们在成为专家的道路上有着相似的经历。作为初学者（学徒），他不得不在不明就里的情况下做事。他逐渐熟练掌握了自己的手艺，并且对工作中用到的纺织品和布料有了深刻的了解。他的老师给了他很多鼓舞和支持，但也有一些持批评和敌对态度的人。后来，作为一名独立的手艺人（熟练工），他找到了自己的"声音"——敢于冒险，闯出自己的一片天地。现在，作为一名专家（大师），他正在阐述自己的知识，传承自己的技艺。在我做实习医生，在南非做外科实习医生，在纳米比亚做外科顾问医师，在英格兰乡村做全科医生，以及在伦敦做大学学者的时候，我也经历过这些阶段。

自从我们初次见面以来，我和约书亚花了很多时间相处。在我们职业生涯的这个时期，我们都在努力把我们的知识传达给比我们经验更少的人。通过我们的对话，我们探索了成为专家意味着什么。约书亚每年都会参与我在帝国理工学院开办的硕士课程。这不仅是为了让约书亚给我和我的学生讲述有关裁缝的事情（那很有趣，但和我们外科医生没有什么关系），也是为了研究裁缝如何成为裁缝，让我们思考外科医生如何以及为何成为外科医生。在阅读后面的内容时，你可能会想到外科医生如何成为外科医生，裁缝如何成为裁缝（或者任何专业的成长历程）。这会为你指明道路，让你明白你为什么会走在这条路上。

看看自己领域外的世界

我从没有成为像标本剥制师德里克那样的专家，我知道我永远也不会。我从没有在一个领域里待上 45 年。但是我发展出了社会学家哈里·柯林斯（Harry Collins）所说的"互动型专长"——虽然你无法胜任一些专家的工作，但你能够说他们的语言。柯林斯将这种专长与"贡献型专长"（做工作本身的专长；就我个人而言，二者就是做教师和医生的工作）进行了区分。互动型专长要求你与自己领域外的人打交道。大多数人都有一定的互动型专长。有些人，比如记者，把互动型专长作为自己的职业技能。现在，它也成了我的职业技能。

人们很容易把科学、艺术和工艺看作神秘的东西，难以窥见其中的奥秘。然而，如果我们仅仅根据专家的职业来看待他们，我们就限制了自己的眼界。像医学、裁缝、标本剥制这样的分类强调差异，而不是共性；我们会考虑这些专家的独特之处，而不是他们的共同点。我们很少知道这些专家是如何走到这一步的，也不知道我们能如何将他们的知识运用到自己身上。

约书亚和我发现，在自身领域之外的人身上，还有许多东西值得学习。我永远也做不出西装上衣，而他也永远不会做手术，但在更深刻的层面上，我们都理解彼此的故事。我们都花了多年时间学习我们所相信的东西，我们都经历过充满挑战的时期。我们都曾努力习得身体技能。我们都遇见过难以应付的老师、学生、顾客和患者。我们的眼光也都超越了自身的领域。

我和约书亚及其他人的谈话，帮助我理清了自己的想法。这些对话对于我找到自己想说的话很有帮助。就像我的一位患者曾对我说的话："如果不能听见自己亲口对你说，我怎么知道自己在想什么？"

虽然约书亚的经历与我并不完全一致，但他总结了成为专家对于我的意义。一腔热情驱使着约书亚，让他努力成为最好的裁缝，为顾客和客户做出最好的工作。在我看来，这就是掌握一门技艺的精髓。

　　但这是后话了。成为专家是一个漫长的过程。在本章开始的时候，我在 1981 年的巴拉瓜纳医院 B 紧急手术室，正准备给西蒙动手术。我的旅程才刚刚开始。我现在还记得怀疑自己能否处理他腹腔伤情时的那种恶心感。无论你的领域是什么，你都会有那样的时刻。唯一的解决方法就是积攒经验，一遍又一遍地做这件事。这就得从"积累"做起。

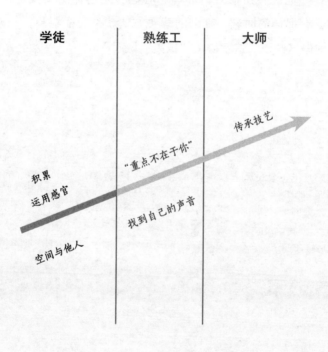

学徒　　　　熟练工　　　　大师

传承技艺

"重点不在于你"

积累

运用感官

找到自己的声音

空间与他人

第 3 章

积 累

    1974 年的一个星期天，在曼彻斯特皇家医院，我被派去采血。整个上午，我在一个又一个患者之间忙个不停，为常规术前检查采血。没人愿意做这份工作，所以才派我来做。这是我作为医学生第一次到医院见习，我感到很兴奋。我自豪地穿着我的新白大褂，口袋里塞满了采样管、注射器、针头和一叠申请表。一个不胜其烦的实习医生（当时刚取得医师资格的医生被称为实习医生）给我示范了一遍该怎么做，然后就消失了，留下我一个人面对整个住院区。

    那时我在医学院的求学生涯刚刚过去一半。三年来我一直在学习知识。我在解剖室里花了很多个小时，记忆解剖学知识。我也在组织学实验室里待过很多个小时，用显微镜观察玻片。我学过生理学、药理学和病理学。但是我从未接触过患者。

    前两管血抽得很容易——这两个患者的血管又粗又大，

很容易刺穿。我信心满满，但很快就泄了气。事实证明，这只是初学者的运气而已。事实很快让我意识到，采血可能非常困难。有些患者似乎根本没有血管，有些患者的血管就像陶土烟杆一样又粗又硬，还有些人的血管很有欺骗性，看似简单，但针一下去就会出现大片淤青。我一次又一次地尝试，常常会给患者带来痛苦。虽然他们很善解人意，但我感觉很糟糕。

即便对我来说应对工具箱也是一项挑战。我至少需要四只手才能拿下注射器、针头、止血带、胶布和棉签。尽管我学了这么多知识，但在做事情的时候，我还是笨手笨脚的。一式三份的表格和贴着闪亮小标签的采样管也很难对付，我的圆珠笔没法正常地写出字来。如果我不小心，表格和采样管就会被弄混。那可就太糟糕了。

除了采血的身体技能以外，我还需要设法记住所有东西在哪儿，确保我在需要的时候能拿到。从没有人告诉过我这件事。我必须自己想出一套管理办法。这很难，但我逐渐掌握了窍门，在几个周日之后，我觉得更有信心了。几个月后，我刚刚建立起的信心再次受到了打击。

我被派去给一个急诊患者插套管（俗称"打点滴"）。他的血压很低，实习医生正在忙碌，有人让我去准备静脉输液。我看别人做过这件事，看起来很简单。毕竟，我现在已经学会采血了，把套管插入患者的血管应该也不是问题。然后事实给我泼了一盆冷水。面对一个患者、一袋无菌生理盐水和几米长的塑料管，我完全无从下手。我又回到了原点。

重复劳动的价值

　　如果你一直难以掌握某件新事物的诀窍，你就会熟悉这种挫败感。这是学徒阶段必然会有的经历。裁缝约书亚在开始学做西装时，也有过类似的经历。在那个阶段，他做的不是设计三件套西装，就像我不是在做手术一样。他在师父罗恩家的工坊里做袋盖。他做了好几百个袋盖，这让他苦不堪言。

　　做袋盖不像听起来那么简单。袋盖必须经过非常精确的剪裁，才能贴合西装的精致的曲线，这样在移动时衣袋才不会开口。袋盖必须缝得极其精准，看起来必须完美，但制作过程却是重复乏味的。罗恩要求严格，在自己的工坊里秉持最高的标准，但他不擅长教学。他会时不时地扫一眼约书亚的作品，然后摇摇头说："不行。"没有解释，只有"不行"。他并不满意，但从来不说为什么。于是约书亚不得不继续做袋盖。他无聊得几乎要发疯了。

　　就像我刚开始采血一样，约书亚也会有初学者的运气。他有时也能做出让罗恩满意的袋盖，但那只是侥幸，约书亚没法再做出一个这样的袋盖。很长一段时间里，他都不知道自己做得怎么样。渐渐地，他开始能分辨出自己的手艺什么时候好，什么时候不好。所有这些重复劳动让约书亚能够为自己的工作设定标准，提高工作水平的一致性。最后，罗恩满意了，就允许他去做别的事情了。直到今天，约书亚一想到袋盖，就会想起那些无聊的、重复的、没有明显价值的事情。然而，我们会看到，袋盖在这个世界上的确有其价值。如果没有这段经历，约书亚就不可能成为今天的裁缝大师。同样地，如果没做过采

046 精进之路：从新手到大师的心智升级之旅
Expert: Understanding the Path to Mastery

血，我也不可能成为外科医生。每个领域内都有类似的事情。

当然，约书亚做的不仅仅是袋盖。在那些年里，约书亚做了许多重复的劳动。在袋盖之后，他还做过纽扣孔、缝过边缘、缝过里布、插过垫料、给翻领定过型。后来，他还被委以更困难的任务，如缝合袖子、领子和内麻衬。但是每项任务都需要重复，很快就会变得单调乏味。

我在职业发展的过程中也有过类似的经历。作为一名医学生已经够让人沮丧的了，但你一旦获得医师资格，情况就会变得更糟糕。在我成为实习医生的时候，我的大部分工作都涉及采集更多的血液、疏通导尿管、插静脉滴注套管——通常是在半夜我刚睡着的时候被叫起来。全是一些无聊、重复性的任务。当然这些对患者很重要，但对我没有明显的价值。随着时间的推移，我变得很擅长这些任务，但我不明白为什么要在医学院里学六年才能把针扎进人的血管里。为什么不能让别人去做？

但这是我成为专家的第一步。在这个时候，你太缺乏经验了，甚至不知道自己不知道什么。你看不到全局。你笨手笨脚。你常常既感到害怕，又感到无聊。你在想着自己。

与我交流过的所有专家都给我讲过类似的故事。

保罗·杰克曼（Paul Jakeman）是当下英国最著名的历史石雕大师之一。我见到他后不久，他就给我看了他为伦敦市中心布鲁姆斯伯里区的圣乔治教堂尖塔雕刻的巨大独角兽石雕。这个石雕重达数吨，取代了一座原本位于此处的尼古拉斯·霍克斯莫尔（Nicholas Hawksmoor）的标志性教堂。但是，保罗并不是一直都在雕刻独角兽。几十年前，在他开始做石匠学徒的时候，他不知道自己会遇到什么事情。

保罗曾想象自己站在高高的梯子上，修复英格兰教堂里的中世纪雕像。但是，他却花了好几周的时间打扫石匠院子里的石屑和泡茶。师父给他的第一项任务，就是在一块石头上雕出一个完美的水平面，只能用凿子和石匠槌。几个月过去了，他的那块石头越来越小，而他无聊得几乎要发疯了。最后，他把自己的作品拿给师父看，师父表示满意。保罗想，终于可以开始做真正的工作了。但是在接下来的六个月里，他一直在打磨另一块石头，这次他要雕出一个完美的垂直面。他再次无聊得几乎要发疯了。但只有在掌握这些基本技巧以后，他才能尝试做其他重要的事情。

所以，该如何理解这种重复劳动呢？在学徒阶段，当你摸索着制作袋盖、采血或者在石头上雕刻垂直面时，你会发现一些重要的东西。正如约书亚对我说的：你可以任由自己因沮丧而失去理智，在忍受无聊时封闭自己的大脑，让自己走神；你也可以对此做点儿什么。

应对无聊的秘诀就是尽你所能地专注于每一项任务——无论任务是什么。这听起来可能像是废话，但只有你能决定自己是否觉得某件事情无聊——而且如果你愿意，就能改变这种现状。通过密切关注乏味的工作，你就能赋予它新的意义。这样一来，这种工作就不再是浪费时间，而是一种进步的方式。你要把关注点从这项任务带来的挫败感上转移到你从中获得的技能上。约书亚告诉我，他把制作袋盖看作磨炼技能的机会。如果没有重复，他就不会发展出我们初次见面时展现出来的高超缝纫技术。

通过全神贯注地"投入"工作，约书亚取得了快速的进步。

他熟悉了他的工作内容。他给那种没完没了地制作袋盖的工作赋予了新的意义：进步和发展的机会。如果他在工作时收听广播或和朋友聊天，就不会专心工作。那样即便他已经学会了如何做这些事情，也永远不会弄清自己为什么要做。他不会进步。石匠保罗也有类似的经历。通过咬紧牙关、不断完善石雕上的水平面和垂直面，他为自己打下了基础，最终发展出了那种毫不费力的技巧。

事实上，任何工作中都有许多乏味的事情，但那是必须去做的。没有人有权利摆脱无聊。除非你能设法接受这一事实，否则你可能会度日如年。然而，我们的社会环境需要即时满足和持续刺激，处理无聊任务的能力正在成为一种失落的技艺。我们倾向于认为乏味的工作应该被分割出来，交给科技或其他人来做，但这样会错失其中的重点。无聊的事情是工作的一部分。避开这些部分，你就会失去一些至关重要的东西。

对于许多专家来说，无聊的部分仍然是他们本职工作中的核心部分。安德鲁·加里克（Andrew Garlick）制作羽管键琴已经超过 45 年了，他的乐器在世界各地都很受欢迎。他制作的标志性乐器是双层羽管键琴，其原型是古戎（Goujon）在法国于 1749 年制作的杰作（如今收藏在巴黎的一家博物馆里）。

每台羽管键琴的每个部件都是安德鲁自己制作的。制作音板、雕刻琴键、上弦、涂漆，都是他手工完成的。这是一项繁重的劳动，他一年只能制作五台羽管键琴。我问他有没有人帮他做这些无聊的事，他说没有。制造一台完整的乐器，知道自己从头到尾创造了这台乐器的一切，会给他带来一种满足感；对他来说，这些无聊的部分是这种满足感的一部分。虽然雕刻那些琴键是一项乏味的任务，其他人也可以做，但安德鲁意识到，这是"做好"工作的一部分。不管这种事情是否无聊，他都会另眼相待，将其视为有价值的东西。枯燥乏味的工作体现了他为自己工作所负的责任，而这种责任是成为专家的一部分。

学习团队合作

在学徒阶段的早期，约书亚、保罗和我都在别人的领域里工作，按照他们的要求做事。我们几乎没有自己的能动性。在我取得医师资格并开始专攻某一领域之后，情况依然如此。我很早就知道自己想做一名外科医生，所以我抓住了每一个待在手术室里的机会。我真正想要的是自己做手术，但别人只允许我"协助"他们。这项任务包括握住牵开器，拨开碍事的器官，这样主刀的外科医生就能看清患者的情况了。

我要一连好几个小时握着一个弯曲金属器械的手柄，却看不见它的另一端在哪儿。我要是没拿稳，外科医生就会冲我大叫。我是最底层的工作者。在一场大型手术中有好几名助手，而我有时什么也看不见。没有人在乎第三助手舒不舒服，我经常在无聊和背痛中苦苦挣扎。我可以理解为什么美国的外科住院医生管牵开器叫"傻瓜棒"，因为即使傻瓜也能拿住它。这似乎完全是浪费时间。为什么不能让别人来做呢？

后来，作为无数次手术的主刀外科医生，我意识到了每个人专注于自己的任务有多么重要。我知道团队成员不能集中注意力有多么让人恼火。你正要夹住流血的动脉并打结，一节肠子却从你助手本应拿住的牵开器后面滑了出来。动脉从视野中消失了，你不得不重新来过。这会让人火冒三丈。对于百无聊赖的助手来说，这只是他们尚不理解大局的另一个例子——他们没有认识到这种无聊但重要的工作的价值。

我在索韦托的巴拉瓜纳医院开始接受外科训练的时候，我必须在脓肿治疗室里给患者的脓肿引流。这些都是有经验的外科医生不愿意做的事情。脓液可不是什么有意思的东西，而我必须独自完成这些臭烘烘的事情。当然，我知道脓肿对于患者来说是可怕的，我会尽我所能地做好这些事情，但我觉得这没什么意思。

后来，我在做实习全科医生的时候也遇到了类似的事情。我的一项工作就是照看"临时患者"——那些在上午和晚间工作时间后来的患者，我们要为他们挤出时间。他们的问题大多很简单：耳朵疼的孩子，想要紧急避孕药的妇女，或者处方药吃完、需要拿药的人。对于当时的我来说，这部分工作似乎是微不足道的。但这根本不是微不足道的事情，我学到的东西比我意识到的多得多。任何专家的起点，都是花时间（许多时间）待在你即将加入的世界里。你必须熟悉构成这个世界的工作对象、工具和人员。这个过程通常既乏味又令人沮丧，但除非你投入时间，否则你不会离开起点。

当然，你在成为学徒的时候，不会完全从零开始；成为专家的旅程在童年早期就已经开始了。早在我学习解剖学之前（更早于在医院病房采血的时候），我就已经在收集相关的知识和技能了。我在家和小学里学会了读、写和手工。我尝试过许多东西，也犯过很多错误。到了中学，这个过程还在继续：我学习了更多的知识，用双手做了更多的事情。我学到了一些基本的科学知识，知道了在实验室里该做什么。就像其他人一样，我也会和别人合作。我学会了如何与班上的孩子相处，包括我不喜欢和不喜欢我的孩子。本书里的所有专家和阅读本书的所有读者都是如此。在从事自己选择的职业之前，裁缝约书亚和石匠保罗都用自己的双手工作了二三十年，而且他们也一直在和其他人一起工作。

为了加入任何团体，你必须赢得自己的位置。正如我们所见，这通常都始于做别人不想做的工作。这些任务通常就像是一种过渡仪式，一种入门仪式。你在日本学习武术时，首先要给师父洗碗。你在制作袋盖时，或者为下一周手术名单上的患者采集血液样本时，你就表明了你愿意投身于这份工作的全部，而不是挑肥拣瘦，只做你觉得有意思的部分。

在开始的时候，你要从最底层做起。你做的都是别人都不想做的工作。你看不出自己的任务与别人的工作有什么关系。这些工作常常令人厌烦，别人叫你做什么你就得做什么。没有人在乎你喜不喜欢，你觉得自己就像机器上的一颗齿轮。我开始做实习医生的时候，有一个比我早来一年的医生把我叫到一边，向我解释那里的规矩。"罗杰，其实很简单，"他说，"屎往低处滚，[⊖]而你就在最低处。"

实践社群

这项令人沮丧的工作能带来一个重要的结果，那就是你会

⊖　shit flows downhill，俚语，指坏的结果由弱小的一方承担。——译者注

熟练掌握你以后需要的技能。不管你喜不喜欢，你都必须掌握采血或制作袋盖的方法。另一个重要的结果是，你加入了一个实践社群。

实践社群的概念是由社会人类学家让·莱夫（Jean Lave）与教师艾蒂安·温格（Etienne Wenger）提出的，后者对人工智能很感兴趣。在他们看来，我们都是多个社群的成员。当我们加入足球俱乐部、换工作、学习新技能或在学校里进入另一个班级时，我们都会成为一个新社群的成员。每个社群都是由多个同心圆构成的，我们一开始位于最外围的圈上。即使我们处在边缘地带，我们也是"正当的参与者"，有权利待在那里。我们已经加入了足球俱乐部，所以我们与正在考虑加入的人不同。但是，即使我们已经加入了俱乐部，我们能做的还是很少。我们还有很多东西要学，然后才能成为队伍里的一员。

在工作中学习可能会让人害怕。他人有时会告诉你该做什么以及社群的运作方式，但他们常常不会这样做。他们只会认为你应该知道。但你怎么可能知道呢？

在我做采血工作之后不久，我就第一次走进了手术室。在更衣室里，一位好心的实习医生告诉我如何找到尺寸合适的外科手术服和手术鞋，如何戴上手术帽和口罩，以及该去哪间手术室。穿戴完毕，我感觉自己很专业，于是穿过大门，来到一间手术室：一场手术正进行到最紧张的时刻。突然有人大叫："别这样做！"所有人都转过头来盯着我。我真想找个地缝钻进去。时至今日我依然不知道我当时做错了什么。我只知道我违反了一条我根本不知道的规则。

　　那么，当这种事情发生时，我们该如何看待呢？对于一个新人来说，实践社群里有很多事似乎都是无法理解的。渐渐地，陌生感消失了，我们开始了解其他人，观察事物的运作方式，弄清了大家"在这儿是怎么做的"。这是一个缓慢的过程，但我们一直在向群体中的其他人学习。那个告诉我"屎往低处滚，而你就在最低处"的实习医生，他的经验只比我多一点点，但他学到了一些我不了解的东西。他已经成了这个社群的一员，而我才刚刚加入。他对社群的真实运作方式了如指掌，他让我了解了一个书本从未告诉我的秘密。

　　你在一个社群里待上一段时间后，就会朝它的核心前进。莱夫和温格用这个术语来描述这个过程：合法的边缘性参与（legitimate peripheral participation）。虽然这是一个拗口的术语，但很好地描述了这种变化的过程。他们用这个术语来描述"与知识和实践相关的活动、身份认同、产物与社群"。

　　社群的边界会不断变化，成员间的关系会改变和重新建立。在半夜采血和放置静脉滴注套管的时候，我是社区医疗中心实习医生里的核心成员。但是，当我第二天在病房里向顾问医师介绍患者情况的时候，我的身份就发生了变化。她位于中心地位，而我退回了边缘。

　　在任何群体里，你都会逐渐增长自信，不断向内移动。但是，每当你加入一个新的实践社群，你都会重新开始。当你身处另一个社群的边缘时，有些对于原先社群的核心参与者来说再自然不过的事情，也都不再适用了。每当我在外科医生的职级中晋升的时候，这种事情就会发生——从实习医生到住院医生，再从住院医生到顾问医师。每当你晋升到另一个级别，你都得做类似采血或制作袋盖的事情。无论你对哪个领域感兴趣，你都会有跨越边界的经历。

通过积累，裁缝约书亚、石匠保罗和我都在不知不觉间打下了重要的知识基础。这种知识不仅是理论知识。这是"做"的知识：是有关工作对象与身体的物理特性的知识。这种知识不是从书本上得来的，你必须自己去体验，在脑海中存储一系列感觉、肌肉动作以及对于工作对象的感知——尤其是当这些对象是其他人的时候。

与他人一起工作

有些专家大部分时间里都在和他人一起工作。发型设计师就是一个很好的例子。法布里斯·兰盖（Fabrice Ringuet）拥有 30 多年发型设计与教学的经验。他是托尼盖美发学院（Toni & Guy Academy）的培训总监，现在正在开办大师课程。他花了很多年时间培训见习发型师，在这个过程中提炼自己的知识和技能。法布里斯和我一样，都是从做没人愿意做的工作开始积累经验的，比如在顾客接受服务的间隙里扫地，或者在顾客等待的时候为他们沏茶。这份工作很枯燥、令人沮丧，让他不能做他真正想做的事情——剪发、美发、创造。

渐渐地，法布里斯开始直接与客户打交道。干了很长一段时间卑微的工作之后，他开始给顾客洗头了。在这个过程中，他了解了头发的样子与质地——长发、短发、直发、卷发、老人和年轻人的头发。与此同时，他了解了别人，也了解了自己。

他学会了克服害羞的心理，一边涂洗发水，一边轻轻地按摩每一位顾客的头皮。

但是，在法布里斯开始洗头时，他常常犯错。就像所有的见习发型师一样，他有时会把洗发水弄到顾客的眼睛里。他不得不道歉，纠正错误，让顾客保持对美发店的信心。就像我在采血时一样，法布里斯也开始了解他人了。他学会了如何与坐在椅子上、打量镜中自己的顾客打交道。他学会了如何进入顾客的个人空间而不让他们感觉不舒服。渐渐地，他开始学着给长发修剪直边。虽然这是一项看似简单的任务，但法布里斯有了新的理解。他再次发现自己所学的手艺是多么复杂。

在无数个小时的扫地、洗头、给长发剪直边的过程中，法布里斯为他后来的专长打下了基础。随着技能的发展，他逐渐走向了实践社群的中心。在职业生涯后期，负责教授其他发型设计师的时候，他会用上这些经验。

这种知识的学习不能操之过急，也没有捷径可走。你必须有经验的积累，遵循这个过程固有的节奏。这就像做蛋糕一样，即使你用两倍的温度来烤，也无法把烤制的时间缩短一半。学"做事"不同于为了考试死记硬背，而一周后就把知识全都忘了。这个过程需要时间，需要逐渐发展到瓜熟蒂落的时刻。

形成这种身体的意识，就像通过不断练习来学习语言。该给自己多大的压力，何时退后或休息，何时寻求帮助——所有这些知识都会按照自身的速度积累，不能揠苗助长。然而，一旦掌握了这些缓慢发展的知识就会有回报。那些笨拙的操作步骤和不熟悉的动作会变成自动化、无意识的，成为你行为方式的一部分。最后，你不会再考虑这些不同方面的技能，而会关注结果。

我们所有人都是通过一次又一次地做乏味的事情来学习技能的。约书亚的缝衣针成了他双手的延伸，最后他根本不必再留意它。有了注射器和针头，我几乎可以从任何人身上采血，即使是在半睡半醒的时候。保罗·杰克曼可以在不思考的情况下雕刻出平坦的石头表面，而法布里斯可以一边和别人聊他们的假期见闻，一边给他们的长发剪出直边。最终，我们都不用再依赖初学者的运气。我们可以随时让我们的工作对象呈现出我们想要的样子。然而，为了达到这个阶段，我们必须对这些东西了如指掌。

对于非专业人士而言，可能布就是布，石就是石。人体似乎也大同小异。乍一看，你可能以为头发只是头发，但实际上没有这么简单。给两种不同的长发剪直边，是两种不同的身体体验。

对于所有的工作对象都是如此。每一匹布、每一块石头、每一个人都有着无限的变化。我们无法用抽象的形式学习一种技术。只有面对那匹布、那块花岗岩、那个独一无二的人的时候，技能才有意义。

到目前为止，我讨论的是物质的世界。但是"工作对象"不一定是你可以触摸或看见的东西。如果你在与文字、股票与证券，或计算机代码打交道，那你也是在接触自己的工作对象。学习处理这些无形的东西所需的时间，与那些有形的事物是一样的。你依然需要花时间掌握基本知识，然后学习如何改变和塑造这些知识。

减少意外

当然，约书亚、我，以及其他人掌握的技能有其自身的价值。西装上衣需要袋盖，患者需要采血。这些事情对于做事的人来说可能不太有趣，但必须有人来做。不仅如此，通过这些重复劳动，我们不仅把时间花在了工作对象和工具上，我们还成了多个系统的一部分。第一个系统就是我前面所说的实践社群。第二个系统是构成工作场所的物理系统，我会在下一章中探讨这个系统。第三个系统是我们头脑中的内部系统，我们会通过重复劳动丰富其中的内容。神经科学中有一个概念叫"预测性编码"(predictive coding)，可以解释这种过程。

这个概念的大意是指，大脑的任务不是吸收和加工所有的信息，而是尽量减少意外的发生。你的经历越多，意外越少。对于那些看起来差不多的东西来说尤其如此。例如，你使用的每一块布料可能都是不同的，但根据规格制作袋盖可以最大限度地减少差异性。这样会减少很多麻烦。在熟练采血之后，我就能发现规律——哪些血管像陶土烟杆，哪些血管会在针头的触碰下破裂，产生大片淤青。我了解了一些常见的可能性，于是相应地调整了我的技巧。就像国际象棋或桥牌的初学者一样，我意识到常见的开局方式是相对较少的。一旦了解了这些情况，我就往往能事先预见麻烦。这就是预测性编码。

在我们进步的过程中，我们的大脑会收集一系列"先验概率"，即对接下来可能会发生什么的预测。如果结果正如预期的那样，大脑就不会做太多事情。它只会确认事情正如它所料。但是，如果预期的结果没有发生，大脑就会感到惊讶，并采取适当的行动。我们的先验知识持有一些假设，并告诉我们可能会发生什么。我们的感官会提供证实或证伪的证据。

一个领域的专家与非专家的区别在于，专家已经根据先前的经验，建立了一系列丰富的预期，所以他们能根据自己的"样本"来寻找差异。这就使他们不会在遇到所有事情时浪费精力去思考。然而，非专家必须从零开始，分析并解读他们所有感官收集到的信息。

这有助于解释积累的价值——让我们逐渐地暴露于一系列体验与感觉印象里，让大脑熟悉即将发生的事情。这种知识需要很长时间才能获得，可一旦掌握，就很少会失去。最经典的例子就是骑自行车。这种与物质世界互动的早期经历——平衡、协调，以及重力带给我们的感觉，能让我们在首次学会骑车的多年以后，再次骑上一辆不熟悉的自行车时也不会摔下来。即使言语记忆消失了，这种身体记忆往往也会留存下来。这种道理也适用于外科领域。

几年前我在与弗洛伦丝·托马斯夫人（Mrs Florence Thomas）谈话时发现了这一点。我们见面的时候，她已经 97 岁了，刚刚住进了养老院。我当时在做一些关于 20 世纪外科手术历史的研究，我很想和弗洛伦丝谈谈，因为我知道在第二次世界大战期间，她是伦敦的一所教学医院里的资深洗手护士。我想问问她当时的情况。

弗洛伦丝曾在闪电战期间协助主持手术室的工作。在战争后期，她遇见了一名军人，他们决定结婚。当时，只有未婚女性才能做护士。你可以做护士，也可以结婚，但不能两全。于是弗洛伦丝离开了工作岗位，嫁给了这名军人，组建了家庭，再也没有和医疗卫生领域有任何关系。在大约 70 年后，当我见到她的时候，她的记性已经很差了。她很难回忆起当时的任何事情，也无法用语言讲述自己的经历。起初我以为我们不会有太多可谈的东西。

不过，我的公文包里碰巧有一件手术器械，我把器械给了她。她把这件器械拿在手里把玩，开始用它的尖端绕圈，就好像在缝合一样。接着，让我感到惊讶的是，她说出了这件器械的专业名称。"我记得这叫动脉钳。"她说。我问她该怎么把这件器械递给外科医生，她把动脉钳转过来，把它的把手向下拍在我手上，这毫无疑问是一个经验丰富的手术室护士的手法。即使说话已经很难了，但她的身体依然记得。那件器械的触感重新激活了她的身体记忆。

专长的模型

那么，人是如何成为专家的呢？关于这个主题已经有了很多文献，许多研究者也提出了概念模型。有一个著名的模型描绘了四个阶段。该模型提出：

1. 无意识的无能（unconscious incompetence）是指你连自己做不到某件事都不知道。
2. 有意识的无能（conscious incompetence）是指你痛苦地意识到自己不太擅长这件事。
3. 有意识的胜任（conscious competence）是指你集中精力就能做到这件事，但你必须想着自己正在做的事情。

4. 无意识的胜任（unconscious competence）是最终阶段，即真正的专家达到了毫不费力的精通水准。

想一想学开车的经历，你就能理解这个模型了。你已经超越了初学开车的水平——那时你不能协调地控制离合器与变速杆，不能一边打方向盘一边看后视镜；而现在，两个小时的车程之后，你回到家中时已记不起开车的具体细节，因为你一直在与乘客交谈。"驾驶"已经自动化了，成了自然而然的事情。可这是怎么做到的呢？

K. 安德斯·埃里克森（K. Anders Ericsson）在专长的研究领域里很有影响力。如马尔科姆·格拉德威尔（Malcolm Gladwell）这样的作者普及了埃里克森的毕生研究成果。几十年来，埃里克森一直在研究音乐、国际象棋和其他领域的"精英"，试图找出他们的秘诀。他的研究表明，所有成功的专家都在练习上至少投入了 10 年时间，或 1 万小时。这个神奇的数字已经成了至理名言，被流行文化奉为圭臬。但是，埃里克森的研究经常受到这样的误解：好像只要投入了这么多练习的时间，任何人都一定会成为专家。事实上，埃里克森的意思是，如果不做这样的积累，就没有人能成为专家——并不是说投入 1 万小时就能保证成功。要成为专家，光靠练习是不够的。如果约书亚没有花那么多时间做袋盖，他就不会成为今天的裁缝大师。但是，如果他没有在这一技能的基础上继续进步，他只会擅长制作袋盖。现在他的工作已经远远超越了重复劳动所带来的技术熟练度。

埃里克森对练习的本质有着深刻的见解。许多人达到了他所说的"稳定表现渐近线"（stable performance asymptote）——

水平高到足以做到他们想做的事，但不足以推动自己变得与众不同。这就好比任何网球达到业余水准的人，或者会开车的人。但是，埃里克森说，如果你想成为专家，只是重复做同样的事情是没有好处的。练习必须是持续的、刻意的，要有专家给予反馈，还要有改进的意愿。否则，你做的事情就只是一种任务或消遣。

还有些作者有不同的看法。我特别喜欢教育研究者卡尔·贝赖特（Carl Bereiter）和马琳·斯卡达玛利亚（Marlene Scardamalia）提出的常规专长（routine expertise）和适应性专长（adaptive expertise）的概念。常规专长是指你学会了一种特定的做事方式，然后每次都按这种方式去做。对于重复的任务来说，如采血、制作袋盖或制作羽管键琴的琴键，这种专长很有用。你不希望每做一项简单的任务就发明一种新技术，或者在重复劳动上花费不必要的脑力。相反，你会擅长以一种特定的方式来做事，并将这项任务交给你的内部自动化系统来做。以学习开车为例，常规专长对于处理可预见的情况是很有效的。如果发生了意想不到的事情，困难就来了，因为这时你需要用另一种方式来思考。据说，心理学家亚伯拉罕·马斯洛（Abraham Maslow）曾说过："如果锤子是你唯一的工具，你就很容易把所有东西都当作钉子。"你会根据已有的解决方案来看待新的问题。这可能会让你做出糟糕的决定。

与此不同，适应性专长是指提出新方法的能力。拥有适应性专长的人会刻意寻求新的挑战，把自己置于不舒服的境地，迫使自己用新的方式思考。一旦你变得擅长做某件曾经需要努力的事情，就能解放自己的头脑，而具有适应性的专家会利用这种解放出来的头脑来提高自己的技能。贝赖特和斯卡达玛利亚将这种行为称作"将腾出的注意力资源重新投入到高级的问题解决上去"。

回到开车的例子上，一个具有适应性的专家可能会把额外的注意力用于改进驾驶技术，如更好地观察路况、在雾天开车或在侧滑训练场练习安全驾驶，而不是与乘客交谈或听收音机。我认为我们所有人都能发展常规专长和适应性专长，并在这两种专长之间切换。如果我们能做到这一点，结果可能会改变我们的人生。或者，在胡安·曼努纽尔·方吉奥（Juan Manuel Fangio）的例子里，能拯救生命。

1950 年，世界上出类拔萃的赛车手方吉奥参加了摩纳哥大奖赛。在比赛开始时，发生了连环相撞事故，此时方吉奥正领先一圈，以最高速度行驶。事故地点就在他的前方，但不在视线范围之内，就在下一个弯道后面。他似乎逃不过致命的车祸了。但是，方吉奥没有冲进相撞的赛车中间，他突然减慢了速度，在撞上车祸残骸之前停了下来。后来被问及此事时，他解释说，在准备比赛时，他一直在看一张 1936 年类似事故的照片。在驶出双急转弯，冲向车祸地点时，他意识到人群看起来有些异样——颜色不一样了。他意识到观众不是在看他，而是面向另一个方向，他看到的是他们的后脑勺。与看见自己朝他们冲来相比，观众对他前方的某些东西更感兴趣。他记得在那张照片里看到了类似的现象，于是猛踩刹车，在快要撞上的时候停了下来。

这一切肯定都发生在几分之一秒内，而在如此惊人的速度下，大多数车手都会把所有的注意力资源放在使赛车待在赛道上。但在那一刻，方吉奥能够注意到有些不对劲，加工了这些信息，理解了看到的现象——还有时间对此做出反应。事后，少言寡语的方吉奥只说了一句："我很幸运。"但在我看来，这不是运气，而是适应性专长。

上述所有内容提出了一个问题：积累有多重要？像约书亚、法布里斯或我这样的人在职业生涯初期的经历有多重要？从我们的角度来看，我们只是在做必须做的事情，而不是像埃里克森所说，为了提高自己而进行持续的、刻意的练习。我们的工作是由我们所处的环境和身边的人的期望所决定的。没有人在乎我们的感受，或我们学到了什么。然而，不管我们是否意识到了这一点，长时间沉浸在我们所选择的工作中，让我们在脑海中积累了大量"做"的经验——大量书本无法提供的身体知识。

就临床医学而言，书本知识与"做"往往是不同步的。在我教授医学生如何采血或缝合伤口时，他们常常惊讶地发现这有多么困难。他们在上学期间的成绩很优秀，习惯于毫不费力地掌握新知识。但他们随后会遇到这些看似简单的操作任务，而这些任务却超出了他们的经验范围。他们感觉自己像是在努力系鞋带的五岁孩子，这让他们很震惊。与裁缝约书亚或石匠保罗不同，这些学生从学习的第一天起就没有接触过工作对象与工具。他们缺乏通过持续的接触而产生的信心。

在我们开始学习新东西时，知道掌握这些技能要花很长时间是很有帮助的。这说明积累是不可回避的；有些技能可能出乎意料地难以掌握，需要花上比你预期更长的时间。这也说明为什么你有时会陷入困境。

改进的意愿

在做全科医生的时候，我学会了杂耍。几个月来，我一直前往离我诊所不远的一个市民活动中心上课。那里的老师阿德里安很擅长激发大家的奇思妙想。阿德里安又高又瘦，身上满是文身。他是英国最好的杂耍艺人之一，曾在全国杂耍大会上大放异彩，轻而易举地完成了七球和九球模式的表演。

开始学习杂耍的时候，我是从三个球开始的。大多数人花几个小时就能学会这种最基本的技巧。每个球都要从一只手传递到另一只手，形成一个完美的弧线。刚开始时你会很沮丧，因为大部分时间都会用来捡球。渐渐地，你会掌握其中的诀窍，在接住球之前扔出另一个球，你会找到一种自动化的节奏。杂耍中有许多变化，需要花上很长时间才能掌握，但其基本概念却很简单。我做了大量练习，很快就能随心所欲地耍起来了。

当然，我想继续进步，进一步发展我的技能。很显然，下一步似乎该学四球模式了，但在杂耍中，奇数与偶数有很大的不同。不同于将每个球从一只手抛到另一只手上，四球杂耍由两种独立的模式组成——每只手各有一种模式。当你用双手快速地把两个球绕圈抛起来的时候，四个球看起来好像在交错飞行。事实上，它们根本没有交叉。我觉得这很难，但在几个月后，我也学会了这套把戏。

真正的困难是五球模式。由于这是另一种奇数模式，每个球要从一只手移动到另一只手。听起来并不比抛接三个球难多少，但这其实更难——难得多。首先，你在抛球和接球时必须更准确。你还必须把所有球连续、快速地高高抛起，然后接住并再次抛起。我就是学不会。我练习了好几个月，直到今天也没有成功。即使是阿德里安，这个能在睡梦中抛接五个球的人似乎也帮不了我。他试了一个又一个方法，但我就是学不会。我被一个无法跨越的门槛拦住了，这是一个我无法突破的障碍。

我们已经看到了，重复在任何领域都是必不可少的。为了进步，积累是必要的，但仅靠积累是不够的——就像在游泳一样，我们很容易徒劳地踩水，却不能向前移动。一旦你掌握了工作的某一方面，无论是采血、制作袋盖还是其他事情，你都必须突破无形的障碍，才能达到下一个层次。这就是埃里克森所说的"持续、刻意的练习，再加上改进的意愿"。

每当你遇到这些无形的障碍并克服它们时，你就会在成为专家的路上走得更远。每当这种情况发生时，你很快就会把注意力集中在新的挑战上，忘记自己为达到目前的水平付出过多少努力。如果没有发生这种情况，你就会被困在原地，就像我试图抛接五个球一样。

如果我想成为阿德里安那样的专业人士，我就会找到突破障碍的方法。但对我来说，杂耍是放松，而不是职业。我达到一定程度的熟练水平以后，就没有再付出足够的努力，让自己达到下一个阶段了。我已经达到了埃里克森所说的"稳定表现渐近线"，并一直停留在那里。

然而，我在医学领域的工作却是不同的。尽管我觉得采血很难，但我还是决心继续努力并掌握这种技能。我坚持练习，最后达成了目标。

达成目标

回到 1974 年的曼彻斯特。我正在艰难地给急诊患者插静脉滴注套管，吓得浑身僵硬。不过那一天我很幸运。一位经验丰富的护士帮助我安装好了整套设备，生理盐水流过了套管。这位患者的静脉即便是新手都能找到，我第一次尝试就成功了。套管内有回血了，我将套管针插入了患者的静脉，护士帮我连接好了导管。"谢谢你，医生。"患者感激地说。对于还是学生的我来说，被称作"医生"让我感到自豪，但我同时觉得自己像个冒牌货。

虽然我有一些极为有限的采血经验，但我还是能在第一次尝试时就完成一套不同的操作，而且还是在紧急的、刚刚接到通知的情况下。这都是重复的功劳。无论在什么领域，积累的过程都是没有捷径的。你不能投机取巧。知道这一点很有帮助，因为学得慢并不意味着你很笨。这只是因为各种"做"的技巧有不同的规则，所需要的知识（无论是客观事实还是数据）的增长速度不同。记住，在那些最黑暗、最沮丧的时刻，当你似乎停滞不前的时候，内在的积累过程终有开花结果的一天。你只需要继续前进。

一天下午，我一边喝茶，一边告诉团队里的一个经验丰富的医生，我觉得第一次采血有多么困难。她茫然地看着我。她已经不理解为这种看似简单的任务手忙脚乱是什么感觉了——准确地说，这种任务对她来说是简单的。那时，她已经做过无数次采血了，这已经成了她信手拈来的事情。她经历了一种转变，看不到我面临的鸿沟了。一段时间以后，同样的事情也开始发生在我身上。

　　我知道怎么采血了。我想出了一套方法来记住我的样本瓶、实验室表格、注射器和针头分别在哪儿。我能够完成输液和管理工具箱了。在接触从未见过的患者时，我越来越有自信，并且接受了我要给他们带来必要的不适感这件事。我开始加入实践社群了。我甚至能帮助没有经验的学生，告诉他们怎么做那些我曾经觉得很难的事。那些困难对我来说已经开始变得模糊起来，并逐渐消失了。我已经不能让自己回到他们的处境里了，因为我已经进步了。我在成为专家的旅程上向前迈进了一步。

　　我从采血中还学到了一些别的东西，一些更重要的东西，尽管我当时没有意识到。我全神贯注地在患者之间奔忙，赶在实验室关闭前完成所有采血任务的时候，我不仅练就了用注射器扎针的准头，还学会了如何与人交谈，如何倾听，如何赢得他们的信任，让他们允许我进入他们的个人空间。即使我给他们造成了痛苦，即使我知道更有经验的人可能会做得更好，我也会鼓起勇气，坚定信念，这样我才能坚持下去。我学到了如何与患者相处，如何拿捏自己与对方之间的距离——对面的这个人感到很焦虑、不确定、很脆弱。简而言之，我学会了如何成为一名医生。

　　成为医生、裁缝或发型设计师不仅需要学习技能。你必须开始像医生、裁缝或发型设计师那样思考，而不只是做他们做的事情。我的内心发生了一些变化。当有人叫我"医生"的时候，我不再感到羞怯。我会转过身来，问道："我能为您做些什么？"

第 4 章

运用感官

那是 1982 年，在巴拉瓜纳医院里的一个深夜。我是我们外科做手术的"第一人选"，我正准备开始做剖腹术。我的患者叫波比。她当时 26 岁，得了伤寒。这是一种可怕的疾病，导致波比的肠子穿孔。她全身的系统都感染了，病得很重。那时，我已经做过很多次剖腹术了，但我从未见过伤寒。在切开第一道切口之后，我就知道我陷入麻烦了。波比的腹腔里满是脓液，肠道也有穿孔，肠道内容物正在大量排出。这一切看起来一团糟，味道极其难闻。

教科书把肠穿孔手术说得很简单。移除病变的部分（用外科术语说，就是"切除"），然后连接两端、缝紧，要滴水不漏（这也叫"吻合术"）。要做到这一点，首先要决定需要切除多少，然后找到为这部分肠子供血的动脉和静脉。夹住、剪开血管并打结，检查有没有出血。然后用夹子夹住肠子，用手术刀切开，取下病变部分，把剩下的肠子末端连在一起，用针线或缝合器固定。

当然，这段话让手术听起来比实际上更简单。举个例子，你必须确保你切除的部分刚好与健康的肠道相邻，并且切除的边缘有良好的血液供应。如果你弄错了，肠道的连接处就不会愈合，甚至可能在未来几天泄漏，这可能带来灾难性的后果。但是，在手术的时候很难判断血液供应是否良好。

波比的问题是，她的一切似乎都不对劲。她的腹腔器官和我以前见过的都不一样。我分不清哪里是病变的肠子，哪里是健康的肠子。被我动过手术的患者，大多数都是年轻力壮、被刺伤的男人。他们的器官虽然受到了严重的损伤，但总体上是健康的。伤寒改变了这一切。我通常的参照物都消失了，我陷入了困境。

波比的腹腔不仅看上去、摸上去不同于我以往的经验，其表现也不同。伤寒会让人的肠道变得像湿漉漉的吸水纸一样。我一触碰波比的肠子，肠子就会裂开。虽然腹腔里的结构是熟悉的，但质地却很奇怪。如果肠道缝合得不够紧，吻合处就会泄漏；如果缝得太紧，缝合线就会撕裂肠子。两种情况都会带来灾难性的后果，所以我必须做得恰到好处。但是，我怎么才能知道什么是"恰到好处"？我应该切除多少肠子？我能缝得多紧？如果我的处理让情况变得更糟了怎么办？通常的线索不再有效了。我必须根据我看到的、摸到的、闻到的东西做出判断。这些判断的依据是教科书无法告诉你的。我必须将我认为自己所知的东西重新组合起来——而且要快。风险很高，我很害怕。我如何才能决定该怎么做？

彼时，我已经在成为专家的旅途上前进了一段路。我已经度过了作为学徒的初始阶段——先是作为医生，现在是作为外科医生。无论我做什么，我都在"一无所知"和"力不从心"的感觉中挣扎。现在我正在建立自己内在的感觉库，并开始真正了解我的工作对象与工具。我已通过积累奠定了基础。我读过书，也观察过其他人。我知道正常的器官看上去的样子和摸上去的感觉。我清楚该做什么，但对于该怎么做，还了解得没那么多。在这一章里，我们会探索获取这种"做"的知识有何意义，以及当这种知识不够用时会发生什么。因为就在那时，我遇到了自己经验的极限。面对波比，我经受了严峻的考验。

"你就是知道"

许多专家都描述过这种"知道自己应该做什么"与"拥有做这件事的能力"之间的矛盾。在木版雕刻的宁静世界里也是如此。安德鲁·戴维森（Andrew Davidson）从事木版雕刻已经有40年了。木版雕刻有数百年的历史，是工艺与艺术的结合。安德鲁的家位于英格兰格洛斯特郡乡下的一条小巷尽头。这条小巷布满了车辙。我去拜访他的时候，他正要完成一卷《哈利·波特》（*Harry Potter*）的插图。我看着他切开一块黄杨木。他使用的雕刻工具有着悠久的历史，它们的名称可以追溯到数百年前。他把尖凿、三角雕刀、手推雕刀、抛光器一字排开，就像外科医生用的器械一样。我能听到每件工具嵌进光滑坚硬的木头时发出的声音。安德鲁称这种过程为"用光线绘画"。即使不用眼睛看，他也能知道他雕刻的每个印记的深浅是合适的，因为他能感觉到，能听到。

接下来是印刷。安德鲁把雕好的木板放置在一台巨大的 19 世纪铸铁印刷机上，正面朝上。他把黑色的墨水从管子里挤到一块石板上，然后来回移动一个小型滚筒，在其圆柱体的表面上均匀地涂上一层墨水。墨水层的厚度合适是至关重要的。安德鲁是用耳朵而不是眼睛来判断的。"你把滚筒滚过石板的时候，它发出的声音应该像是空气从充气垫里钻出来一样，"他解释道，"而不是炸薯片的声音。"

安德鲁给木板涂上墨水，在上面放上一张纸，然后用印刷机的平衡手柄在适当的时长内，施加适当的压力。他抬起手柄，剥下纸张，检查印刷效果。然后他摇了摇头，又在木板上涂上墨水，放了一张新的纸上去，重复这个过程，直到结果令人满意为止。

安德鲁花了几十年的时间才弄清什么是"令人满意"。他无法用语言表达，因为这是一种感觉。他不仅在运用双手，更是在用整个身体"解读"印刷过程；他对工作对象的感觉、声音和气味做出了反应。他知道应该施加多大的压力。但当他让我试试的时候，我却感到不知所措。我只是在拉动沉重的手柄，却不知道我想要取得什么效果。

专家依赖的正是这种多感官的意识。分析任何专家的技艺，你都会发现类似的现象。然而，当你与这些专家交谈时，他们却很难解释清楚。他们会说："这个嘛，你只要做正确的事情就好——你就是知道。"但是，除非你也像他们一样花了多年时间来做这件事，否则你不可能"就是知道"。即便那样，你也永远不会真正达到理想中的境界。安德鲁是这样跟我解释的："40多年来，我一直在尝试用木板制作出完美的版画。我从来没做到过，我知道我永远也做不到，但我决不会停止努力。"

安德鲁指出了另一个重要的原则。他的工作对象在极限状态时呈现出的效果最好，也就是在几乎要断裂的时候。他最出色的作品往往产生于工作对象所能承受的极限，面临着极大的风险——就像给波比的肠子动手术需要我使出浑身解数。可是你怎么知道极限在哪儿？关于这个问题，我从另一位专家那里了解到了更多，这次的专家来自陶艺领域。

处于崩溃边缘的工作对象

邓肯·胡森（Duncan Hooson）在伦敦的几所艺术学校教授陶艺。他不仅是一位优秀的艺术家，也是一位有天赋的教师，他还出版了一本有关陶艺的教科书。虽然他的一些学生技术高超，但很多人都是初学者。初次遇见邓肯时，我们讨论了能够把工作对象驱使到什么程度而不至于过了头。邓肯说这就是"在崩溃的边缘处理脆弱的工作对象"。这是每个专家的关键技能，也是我在给波比动手术时的难点。

如果观察像邓肯这样的专家，你会发现他的工作似乎毫不费力。首先，他要"挤"出一块黏土，像面包师揉面团一样敲打黏土。然后，他转动陶轮，把黏土拍在轮上。随着陶轮的转速加快，他会在黏土某处施加一点压力，在另一处轻轻按下一根手指，黏土就会变成一个有弧线的花瓶底座。当他开始制作花瓶顶部时，他用手指轻轻捏住黏土，拉出花瓶的颈部。黏土厚度合适时，他就会松开手指。就这么简单。

当然，这一点都不简单。这个捏黏土的动作，是一项至关重要的操作。捏得力道不够，瓶颈就会粗大而不雅观，相对于花瓶的其余部分就显得太厚了。捏得太用力，黏土就会崩塌，无法承受自身的重量。这样你就得从头再来。邓肯让这一切看起来毫不费力。这是一种无言的知识：他知道自己能冒多大的风险。他已经拥有了一种意识：黏土濒临崩塌时会有什么感觉。这种敏感度会告诉他何时松开手指，何时再捏得薄一些。

邓肯的工作看起来毫不费力，是因为他练习了几十年。就像本书中的其他专家一样，他有多年的积累，制作了成千上万个陶罐和花瓶。这就相当于采血、制作袋盖或在石头上雕出平面。他的大多数学生都没有下过这个功夫。他们必须学会注意自己何时正在接近极限，意识到"不够"与"过头"之间的细微差别。他们必须学会专注。

对邓肯来说，这是一种身体上的理解。陶工的大部分工作都是直接用手和手指完成的。他们有时会用工具——用来刮擦、将陶罐与底座分离、雕刻花纹。但大多数时候，他们会与自己的黏土亲密无间地接触。他们会发展出一种极为敏锐的感觉能力。正是邓肯的身体与工作对象之间的对话，使他能够不断地做出调整。他可能会注意到黏土太干、太软或太湿。这不是能清晰界定的标准。这不像尺子上的刻度，没有固定、客观的"湿软尺度"。分析湿软程度需要一种内部的感觉库，这种感觉库是通过不断练习而积累起来的。

　　并非只有有形的工作对象会变得"脆弱"，濒临崩溃。无论你是在起草一份报告、处理工作场合的冲突、练习一首曲子，还是在编写计算机代码，完成与崩溃总是近在咫尺。少则不足，多则过度。

　　在外科手术中，这种对有形事物的认识是至关重要的。你要学会"解读"你工作中的情况，你触摸的器官。这就像你在开车时对路况的感觉一样——凭借自己的直觉，通过汽车的悬架感受路面。这是身体和工具的结合。作为外科医生，我发展出了类似邓肯在制作花瓶颈部时使用的技能。你要用你的手指和双手去感受。你能直接感受器官的湿软程度。你能估计器官的弹性与健康程度。如果器官是湿漉漉、异常僵硬或过热的，你就会注意到。如果器官缺乏血液供应，出现局部贫血的冰冷感，你就会有一种不安的感受。你能在不正常的地方感受到空气的噼啪声。你能感觉到一个人的组织有多强壮或多脆弱。在濒临极限的时候，你意识到即将到来的危险。

　　我发现文字上也有类似的现象。我花了很多时间为期刊写文章和做演讲。在那些事情上也有一条需要把握的界线。说得太少，词不达意；说得太多，则显得无聊。在不同的时刻，这本书就会显得像一种"脆弱"的工作对象，处于崩溃的边缘。如果我把一章写得太短或太长，或者包含太多的例子，整本书就会突然崩溃。成功取决于看到边界，取决于有能力在越过边界之前停下来。与我交流过的每个专家都在自己的生活中发现了相似的情况——无论是让厨房里的酱汁变稠，还是从木雕上再去掉最后一毫米的木料。他们都发展出了这样的意识：知道崩溃的边缘在哪里。

机械师的感觉

在给波比做手术的时候，我面对的是在手术中濒临崩溃的脆弱工作对象，不过我当时并没有用这样的方式来思考。我知道我需要完成的步骤，我以前做过很多次手术。我知道器官应有的样子和触感，我蒙着眼睛都能对正常人的腹腔了如指掌，但是我从没见过像波比这样的肠子。

我从没有准备好面对这种怪异的物质属性。解剖尸体是一回事，解剖活人是另一回事，但解剖病变的组织则完全不同。我还没有足够的经验去知道应该冒多大的风险，去知晓波比的肠子能允许我做什么。如果我切除的不够多，她会死于疾病。如果我切得太多，她的消化系统就不能正常工作。我需要找到濒临崩溃的边缘，然后走到边界而不越雷池一步。我该如何判断边界在哪儿？我用手指顺着她的肠子摸索，仔细观察肠子的颜色，估计肠子的质地，掂量在哪里下刀。

认识自己工作对象的物质属性，是成为专家的关键。罗伯特·波西格（Robert Pirsig）在他1974年出版的经典著作《禅与摩托车维修艺术》（*Zen and the Art of Motorcycle Maintenance*）中谈到了这一点。他把这种认识称作"机械师的感觉"。他写道：

> 机械师的感觉来自对材料弹性的一种深层的内在动觉。有些材料，比如陶瓷，其弹性很小，所以你在处理陶瓷时要非常小心，不要施加太大的压力。还有些材料，比如钢铁，其弹性就很大，比橡胶还大。但是在一定的情况下，这种弹性是看不出来的，除非你

施加很大的机械力。

有了螺母和螺栓，你就能施加很大的机械力，你就应该知道，在这种受力范围内，金属是有弹性的。拧螺母的时候，有一种松紧程度叫"手指拧紧的程度"（finger-tight），此时螺母与金属表面接触，但没有产生弹性。还有一种程度叫"恰到好处"（snug），此时产生了容易产生的表面弹性。还有一种程度被称为"紧"（tight），此时金属的所有弹性都已经耗尽了。达到这三种程度所需的力因螺母和螺栓的大小而不同，对于润滑过的螺栓和锁紧螺母也是不同的。这种所需的力，对于钢、铸铁、黄铜、铝、塑料和陶瓷也都是不同的。

但是，一个人如果有机械师的感觉，他就知道螺母什么时候拧紧了，应该停下来。没有这种感觉的人就会拧过头，导致螺母滑丝，或者把装置弄坏。

与我交谈过的所有专家都知道这种"机械师的感觉"，也知道脆弱的工作对象处于崩溃边缘的挑战。无论是给田鼠幼崽剥皮的标本剥制师德里克，描绘黄昏湖面微光的木版雕刻师安德鲁，还是给西装驳头定型的裁缝约书亚，我们都依赖于许多书中所说的"具身知识"（embodied knowing）。

在手术室里，面对波比和她的肠伤寒穿孔，我不得不用上我全部的"机械师的感觉"。我重新调整了自己的感官，估计了我能用多大的力气牵拉，我能给她脆弱的肠子施加多大的力度。我小心翼翼地试图用我惯用的方法把一截肠子挑出来。肠子在我的手里四分五裂。我意识到我得更加小心。我倾向于认为自己是一个手法温柔的外科医生，但我必须重新调整自己的力道。

我不能让事情变得更糟了。

花这么长的时间才能成为专家的原因之一是，你必须熟悉变化，而不只是熟悉一种"理想"的状态。你必须处理那些陈旧的、易碎的、棘手的、摸上去不舒服的、难闻的甚至危险的工作对象。我在给波比做手术时，我处理的就是一种在陌生状态下的熟悉对象，就像生锈的螺丝或被腐蚀的摩托车部件。我必须拓展自己"机械师的感觉"，来理解那些偏离常规的现象。

当你在最基本的工作中挣扎时——比如在不弄混样本的情况下采血，在不留下污点的情况下给木板涂墨水时，你会逐渐熟悉工作中的物质特性。随着时间的推移，工作不再需要有意识的关注，而会成为一种例行事务。你的手指不会再那么笨拙，你的工作对象也不会再那么不听使唤。你会越来越意识到你和你正在做的事情之间的交流。这种感觉不完全存在于你或你的工作对象之中，这是一种对话。

感官的语言

我们很少一次只使用一种感官。在我们看来，触觉、视觉、听觉、嗅觉和味觉——亚里士多德所说的"五感"似乎是我们仅有的感官，但神经科学家和哲学家会谈到许多感官——也许多达 25 种。他们区分了外感觉（识别来自身体外部的信息）和内感觉（识别来自身体本身的信息，即关于平衡、定向或我们生理机能的隐秘运作的信息）。成为专家需要将这些外部世界和内部世界结合起来。感官参与就是把"看"变成"看见"，把

"听"变成"听见"，把"摸"变成"触感"，把"闻"变成"闻到"，把"尝"变成"品味"。然而我们从感官获得的信息并不是固定的。这些信息会受到我们的精神和身体状态的影响——受到兴奋、疲劳、饥饿或压力的影响。

即便对于亚里士多德的五感来说，这些感觉形态之间的传统区分也不清晰。我们可能不会感觉到明确的通感，但我们的感觉依然会有交叉。作为一名外科医生，我学会了用手指看东西。当我把手伸进一个人的腹腔时，我脑海中就会产生一幅关于患者器官的图案。对于那些我能摸到但看不到的身体部位，我逐渐学会了分辨哪些感觉是正常的，哪些是异常的。这种现象会发生在所有的工作对象上。不仅丝绸和法兰绒是不同的，每一匹丝绸都有独特之处，法兰绒也是如此。小说与博士论文虽然都像一本书那么长，但两者并不相同。

每种感官都有自己的特点。例如，触觉具有视觉和听觉缺乏的直观。看和听有时会被称为"远"感官。如果有人在远处，你能看见他们，他们不一定能看见你。听觉也是如此。但是触觉是"近"的。如果你摸到某物，它也会"感觉"到你，因为你们有直接的接触。即使这件物体没有生命，它也会对你的触摸产生反应。在医学领域，这一点尤其明显。对于清醒的患者来说，你不可能在不让他们意识到你的触碰的情况下给他们做检查。如果你的工作涉及其他人，情况也是如此。不管你是否意识到了，你在传达信息的同时也在接收信息。即便是学徒时期的发型设计师法布里斯，每次在给客户洗头、触摸他们的头皮时，他都在传达关于自己的信息。

要注意你的工作对象，就需要你"收听"自己的感官。这需要练习。我们很容易屏蔽感觉信息，视而不见、充耳不闻、触而不感。注意意味着处在当下，意味着专注。与此同时，你必须意识到你的工作对象与你的交流。专家做的不仅仅是注意。他们还会解读与理解。他们会对自己的感知做出反应。他们会行动。

哲学家马丁·海德格尔（Martin Heidegger）在他晚年的一次演讲中巧妙地阐明了这一点：

> 一位正在学习制作橱柜等家具的家具木工，就是一个很好的例子。他的学习不仅仅是练习，以掌握工具的使用方法。他也不仅仅是在收集有关他要制造的事物的常见形态的知识。如果他想成为一名真正的家具木工，他首先要让自己与各种不同的木材，与木材中尚未被雕刻出来的形状进行交流——与木材进入人类居所时所隐含的丰富可能性进行交流。事实上，这种与木材的联系才是这门手艺的支柱。

同样的道理也适用于你要成为专家的任何领域。海德格尔所说的"与木材的联系"同样适用于布料、头发或锅炉。你必须与自己的工作对象建立联系，注意它们的微妙之处和细微变化。

外科手术也是如此。活的器官不像解剖室里的器官那样死气沉沉，它们有自己的特点与个性。没有一种器官会保持静止。如果你戳输尿管，它就会像蚯蚓一样蠕动。健康的肠道会扭动。肠子不仅仅是肠子，就像布料不仅仅是布料，石头不仅仅是石头。一个遭遇车祸的 20 岁年轻人的小肠，与脆弱的 90 岁糖尿病患者的小肠截然不同，更不用说像波比这样的患者了。

随着时间的推移，你会逐渐了解自己的工作对象。你会对它们产生敬意和感情，即使在你觉得它们令人沮丧的时候。但是，正如我们所见，只是一遍又一遍地重复做事是不够的。邓肯·胡森作为陶艺师的能力并非仅建立在重复的基础上。重复的结果才是最重要的。他发展出了一种敏锐的感知，一种能力，使他能"读懂"他的手指之间、陶轮旁的身体与他正在塑造的黏土之间所发生的事情。他获得了一种能力，能够识别工作对象即将崩溃的早期信号，并及时采取行动。他能做到这一点，是因为他关注自己的物质世界，专注于此时此地。

无论你做的是什么，都存在类似邓肯的手指、他在陶轮旁的身体，以及他所塑造的黏土一样的东西。为了进步，并在之后成为专家，你必须培养一种专注于此时此地的能力，即使在你的工作对象似乎要分崩离析的时候也要如此。没有人能充分传达触摸某物的感觉，你必须亲身体验。教科书里的描述在很大程度上是无用的——单凭文字无法说清某件事如何做得"恰到好处"。在外科手术里，大家会说"确保吻合处所受的张力尽可能小"或"尽量多地移除需要移除的部分，但不要超过必要的程度"这样的话。除非你有很多经验，否则这种话对你毫无帮助。只有你知道这是什么意思，这种话才有意义。这种知识源于实践，源于体验物质属性带来的感觉，源于犯错。

只有这种知识能告诉你，脆弱的工作对象何时处于崩溃的边缘。

倾听你的身体

当我连续长时间地手术，整夜为被刺伤或枪击的患者忙碌时，我发现自己会变得笨拙起来。器械会不听使唤，针头会滑落，我会开始拿不稳棉签。一开始，这种情况会让我对自己很恼火。后来，我意识到，这种恼火是疲劳的标志，是我需要休息的信号。因为紧急手术带来肾上腺素飙升，所以我其实并不觉得累，但我的水平开始下降。

专家会变得善于读懂自己的身体，就像善于读懂自己的工作对象一样。他们会注意到自己的注意力开始涣散的细微迹象，并采取行动。当自己变得像脆弱的、处于崩溃边缘的工作对象时，他们也会发现。

这种事不只是会发生在手术室里。像许多人一样，我也在电脑上写作。多年以来，我写作时几乎不假思索，键盘就像我手指的延伸一样。但是情况并非总是如此。我十几岁的时候，父母曾让我参加一门为期两周的盲打课。那是机械打字机的时代，文字处理软件还没有出现。当时，打字通常是由专业人士完成的，他们要上一到两年的课程。像这样的课程会要求你无休止地练习，一周又一周地进行无聊的练习，还要做速度测试。我上的课程很不一样。这门课包含 10 节 1 小时的课程，每个工作日上一节课，总共上两周，仅此而已。不需要准备，不需要在课程间隙练习，没有作业。所以我才同意去上课。

每天，我坐在一个 20 人的教室里。每个人面前都有一台打字机，打字机的按键是空白的，这样我们就不会忍不住低头看手。"起始键"是红色的，我们的手指需要停留在这个键的上方，每次按下一个字母后都要把手指放回来。其他按键都是灰色的。教室前方的大屏幕上有一个类似的键盘投影。上课时，预先录好的语音会以缓慢单调的节奏念字母，每两个字母间隔两秒。每个字母的按键会在屏幕上亮起来，而我们必须在自己的打字机上按下相应的键。随着课程的进行，语音的速度会逐渐加快，从随机的字母到简单的单词。到课程结束时，我已经可以用相当快的速度和稳定的节奏打字了，而且根本不用看键盘。这是我学到的最有用的东西之一。

不过，我后来意识到，我的准确性和速度不是恒定的。它们会随我的感受而变化。我疲惫时，就会出现一些失误，然后不得不回过头去用修正液涂掉。这会花很长时间，并打断我的思路。我开始对自己和打字机感到恼火，情况会越来越糟。后来我在手术室里发现，这种恼火告诉我需要停下。然而，这种"读懂"身体的能力花了很长时间才形成。即使是现在写作的时候，我也需要一些时间才能识别这些信号。我的注意力是处于崩溃边缘的脆弱工作对象，有时我需要休息一下。

在《禅与摩托车维修艺术》一书中，波西格描述自己与儿子克里斯在蒙大拿州的峡谷里徒步旅行的经历时说过类似的话。"下午三点左右，"他写道，"我的腿开始乏力，是时候停下来了。我的状态不是很好。如果你忍着这种乏力的感觉继续前行，你的肌肉就会拉伤，第二天就会很痛苦。"波西格能在那种情况下觉察自己的身体，做出相应的决定。

专家会发展出一种内部的仪表盘，使他们能够监控双手、工具和工作对象之间发生了什么。他们知道何时应该坚持，何时应该休息。任何花时间学习技能的人都会熟悉这种感觉。随着我与不同领域的专家相处，我不断听到同样的话。他们都与自己的工作对象和工具建立了一种关系。每种事物都有"物质属性"，也就是决定其行为表现的物质特性。成为专家需要认识这个物质世界的微妙之处。

通过花时间处理工作对象，你会逐渐了解它们和自己的本质。正如我在学打字的例子里指出的那样，即使像写作这样明显抽象的活动也有很多物质性的元素。如果你把注意力集中在自己的身体上，你就会意识到笔握在手中的感觉，你正在书写的纸张的质地，或者指下的电脑键盘的不规则排列，以及打字时敲击键盘的咔咔声。

培养这种意识是一个漫长的过程，没有捷径可走。然而，通过熟悉你的工作，你会开始理解你能坚持到什么程度，以及何时应该后退。在你成为专家的路上，下一步就是熟悉感官的语言。

"看"与"看见"的区别

我还记得，在做实习外科医生的时候，我曾协助我的顾问医师做过一次选择性甲状旁腺切除术——这是一种切除甲状旁腺的手术。这些奇妙的组织结构通常（并不总是）位于颈部。我在学习解剖学时学过甲状旁腺，但从未在现实中见过。它们之所以叫甲状旁腺，是因为它们通常位于甲状腺旁边，但在功能上与甲状腺无关。它们会产生一种调节钙代谢的激素。有时它们会出问题，不得不切除。人通常有四个这样的粉红色的小型结构，但它们的大小、数量和位置多变，在手术中难以识别，令医生头疼不已。

我的主任医师在患者脖子上切开了一个切口，然后开始研究切口里的解剖结构。颈部布满了精细的组织结构，必须将其剥离，并确保不伤及微小的神经分支。他是一个沉默寡言的外科医生，并没有解释他在做什么，但过了一会儿，他嘟囔道："在那儿，看见了吗?"我完全不知道他在说什么。我看不到任何与甲状旁腺有丝毫相似之处的东西。但我不想显得无知，于是保持沉默。似乎过了很长一段时间，我突然看到了他正在处理的东西：我完全没有看到的小块组织。尽管我从课本里学过解剖学，在解剖室里给医学生上过课，并且给不少脖子动过手术，但我并没有看到那些就在我眼皮底下的组织。

看——真正地看，需要很多努力。睁开眼睛，看向某样东西，这并不叫看见。看见是一个主动的过程，需要你全部的注意力。对于我们许多人来说，这种看见的能力并不是天生的；这是一种需要被培养的技能。注意到真实存在的东西，而不是你期望看见的东西，需要一双放松的眼睛、大量的时间以及无限的耐心。

在我还是医学生的时候，我学过如何做身体检查，我把操作步骤记下来了。先看，再摸，然后你才能用听诊器去听。教科书上说，这叫"视诊、触诊、叩诊、听诊"。无论患者有什么症状，这套口诀都不会改变。如果你没有按照正确的顺序操作，如果你遗漏了一个步骤，或者过早地拿出了听诊器，你的顾问医师就会嘲笑你。关键在于用眼睛看：真正地看。

我学会了装模作样地站在离患者病床远远的地方，把手交又放在背后，用公式般的语言描述我看到的东西，以此来证明我在看。"患者 70 岁，营养状况良好，安静地躺着，没有明显的痛苦。手指未呈杵状，也没有颤抖或甲下裂片形出血。没有使用呼吸辅助肌……"只有在背诵了一连串的身体观察之后，我才会开始触诊，触摸患者，把手放在他们的胸部、腹部或四肢上。即便在那时，我受过的教育也告诉过我，在触摸患者时一定要看着他们的脸，警惕我可能给他们造成痛苦或不适的微小征兆。

在这条原则被灌输给我的时候，我并不理解它的价值。这似乎是浪费时间。当然，如果患者腹痛，你就需要把手放在他们的腹部，看腹部是否疼痛，而不是花很长时间看患者的脸，观察他们的嘴唇是否变蓝。毕竟，和我一起工作的医生们就是这样做的。他们直奔重点。他们会触摸患者的腹部，然后马上把听诊器放在他们胸口。或者看上去如此。

实际上，这些经验丰富的医生首先做了观察，但他们观察得太快了，以至于我没注意到。他们注意到的东西几乎总是比我更多。当他们让我介绍患者的情况时，他们会说"这个患者的指甲怎么不对称"或者"你觉得他的呼吸为什么不均匀"这类的话——我根本没注意到这些东西。他们会把这些线索汇集在一起，做出诊断。

渐渐地，我意识到这种观察的原则是至关重要的。我们应该把患者看作一个人，而不是把关注点集中在它们身体的某个部位，这让我不再草率地得出结论。这件事的重点在于学习如何看见。这就是我和我的顾问医师在做甲状旁腺手术时的区别。他学会了用一种我没学会的方式观察患者。我没有参照物，也没有"接收"我眼睛传递的信息。我从未在活着的患者身上看到过甲状旁腺，也不知道应该去寻找什么。

对于有经验的医生来说，仔细观察已经成了第二天性。然而这个过程可能会在压力下瓦解。在我工作的大学里，我每年都是医学生结业考试的考官，这是他们成为医生之前的最后阶段。我会观察学生对患者做身体检查，展示他们学过的操作程序。视诊、触诊、叩诊、听诊。他们会看、摸、听。然后他们会解释收集到的信息，并给出自己的结论。不管怎样，理论上是这样的。

有一年，我看到一个学生盯着一个患者，一边看表一边摸患者的脉搏。我问他在做什么。"测量脉搏。"他答道。"是多少？"我问。他先是不知所措，然后露出惶恐的表情。他抓起患者的手腕，又开始计数。在当时的压力之下，他只是在做这个动作，仅此而已。他演示了他学到的操作方法，但没有动用他的大脑，也没有加工他所收集到的信息。他视而不见、触而不感，触摸脉搏而没有考虑这对患者来说意味着什么。

现在的医学对于观察和触摸的强调已经少了很多。在我从医学院毕业之后的几十年里，成像技术已经彻底改变了临床实践。超声波、CT、MRI 和 PET 扫描能以惊人的准确性显示体内的解剖结构。在很多方面，这是一个巨大的进步，为医疗人员提供了甚至在几年前都无法想象的细节。但是，虽然把视诊的任务交给专门解读影像的放射科医生的想法很诱人，但这可能会使你和你的患者失去联系，失去把握每名患者特点的全局观。我在很多其他专业领域都注意到了这种问题。过度依赖科技会让你的感官迟钝，让你看不见眼前的东西，也无法对你身边的个体做出反应。

放慢速度、系统全面的训练有着真正的价值。也许是因为我们一直在运用视觉，所以很容易想当然地认为，瞥一眼就能真正看到重要的东西。"视诊"这个术语为"专注地看"赋予了名称，并将其规定为一种必须刻意去做的行为。

然而，在你职业生涯的早期阶段，用细分步骤的方式做事有一定的危险性。你可能会认为，走完过场就等于抓住了要点。这就是在不了解整体的情况下学习组成部分的诱惑。一旦你能做好袋盖，或者剪出直刘海，你就可能认为自己在做西装或发型设计方面拥有了比实际情况更深的造诣。你会变得过于自信，迟早会惨遭打击。

放慢速度

德雷福斯（Dreyfus）兄弟（数学家斯图尔特·德雷福斯以及哲学家休伯特·德雷福斯）因其技能获得模型而闻名。该模型发表于他们在 1986 年出版的《心灵胜于机器：计算机时代的人类直觉和专长的力量》（*Mind Over Machine: The Power of Human Intuition and Expertise in the Era of the Computer*）一书。他们提出了五个阶段，即他们所说的新手（novice）、高级初学者（advanced beginner）、胜任者（competence）、精通者（proficiency）和专家（expertise）。对于最后一个阶段，他们说："在正常情况下，专家不解决问题，也不做决定，他们会做通常有效的事情。"

十年后，研究者 H. G. 施密特（H. G. Schmidt）、G. R. 诺曼（G. R. Norman）和 H. P. 博舒森（H. P. Boshuizen）指出："有两种不同的水平或阶段——一种快速的、非分析性的层面，应用于大多数问题；还有一种缓慢的、分析性的方法，应用于少数困难的问题……两者没有好坏之分，因为它们都可能得出解决方法。"2011 年，诺贝尔奖得主丹尼尔·卡尼曼（Daniel Kahneman）在《思考，快与慢》(*Thinking, Fast and Slow*) 一书中讲述了相似的理念。他概述了他所说的"系统 1"和"系统 2"式的思维。他写道："系统 1 的运行是自动而快速的，几乎不需要任何努力，也不需要有意的控制。系统 2 会将注意力分配到需要努力的脑力活动上。"

在做实习医生的时候，我在向顾问医师介绍患者情况的过程中发现，有经验的医生会在不同的推理模式之间转换。有时他们会按顺序浏览信息，检查我们可能会遗漏的东西。但是在大部分时间里，他们会以另一种方式行事。在每周两次的查房中，我的主任医师会穿着他的三件套西装，站在每个患者的床边，一群随行的住院医师、实习医生、学生和护士围在他身边。我们当中的一个人会介绍患者的情况，总结病史、临床表象与化验结果。有时问题很棘手，我们都无法做出诊断。一开始，我以为顾问医师会因此要求做更多的检查。然而，他常常只会静静地站在那里，看着患者。然后他会问几个问题，做一个简单的检查，然后说："我在想，我们是否应该考虑……"他通常会提出一个我们都没想到的诊断，但他多半是对的。通过观察而不是行动，他向我们展示了一种不同的思维方式。

我们都有内在的偏见，其会误导我们的判断。医学上有句老话：你在 X 光检查中最可能忽视的骨折是意料之外的第二处骨折——尤其是在第一处骨折很明显的情况下。如果一个人遭遇了车祸，胳膊或腿上有一处明显的骨折，那医生就很容易忽视脊柱或手指的细微裂痕。我们会看到什么，取决于我们在寻找什么，一旦我们找到了可以提供合理解释的东西，我们就不会再观察了。卡尼曼指出了证实偏见的力量——我们倾向于用证据支持我们想要相信的东西。我们会草率得出结论，然后不再多想。但随着我们逐渐成为专家，我们必须克服这种倾向。

当然，每个人都会在学习正确看待问题、看清事实真相的时候遇到困难。约书亚在为了制作袋盖而苦苦挣扎的时候，他不明白为什么师父罗恩总说他做得不对。在约书亚看来他做得不错，但罗恩一眼就能看出他做得不够好，这样的袋盖缝在西装上不会服帖，或者与西装主体不搭配。就像我那位做甲状旁腺手术的主任医师、能看到河湾里的鱼的朋友一样，罗恩能注意到一些经验不足的人看不到的东西。

你的眼睛很容易忽略你眼前的东西，就像我的眼睛忽略那些看不见的鱼一样。你可能认为你已经仔细地看了，后来却发现其实你没有。有多少次我们曾经检查过一封电子邮件，却在发送后发现了拼写错误？我们倾向于看见我们认为存在的东西，而看不到真实存在的东西。

绘画是一门迫使你记住你所看见的东西的学科。在画画的时候，微小的细节很重要，粗略地看一眼是不够的。你必须让目光停留在你所观察的东西上，让这件东西镌刻在你的记忆里。我在艺术工作者行会中的一位同事，艺术家、刺绣师弗勒尔·奥克斯（Fleur Oakes）说，绘画是"用长于一般情况的时间盯着某件东西看"。观察才是最关键的部分。绘画通过连接你的眼睛、身体和大脑来帮助你记住你所看到的东西。

绘画一直是艺术家的核心技能，无论他们的专业是什么。从前，皇家美术学院（我现在是那里的解剖学教授）的学生都要接受严格的绘画训练，从画古典雕塑的石膏模型开始。只有当他们在这方面变得熟练之后，才能进入有真人模特的写生课程。在有些艺术学校，老师甚至让写生模特待在楼上，让学生把画架放在地下室。在写生时，在每次下楼添加一处细节时，学生必须决定记住模特的哪一方面的特征。虽然现在的艺术学校对于写生绘画的关注有所减少，但当今许多艺术专家在上学时都受过这种严格的训练。绘画并不是只有艺术家才会做的事。它在其他工作领域也同样有用。

在纸上做个记号能迫使你关注重要的东西，思考你想要传达的信息。不管我们能否意识到，我们都在使用某种形式的绘画。如果你是在乐谱上做注解的钢琴家，在草拟论点的律师，在设计剧情的作家，或是在患者病历中总结手术的外科医生，你几乎肯定都会在纸上（或屏幕上）做出记号来传达思想。这些记号成了提炼核心信息、剔除其余内容的方式。

整合所有信息

回到手术室里，面对波比和她的肠伤寒穿孔，我运用了我所有的感官。我在接收她身体告诉我的所有信息。我将视觉、触觉和嗅觉收集的信息重新组合，转化为行动。虽然我能力有限，但我必须尽我所能。我小心翼翼地做着我学过的肠切除术的步骤。在每一阶段，我都如履薄冰。我知道我必须切除穿孔的区域，留下健康的肠子。可什么才是健康的肠子？我看所有的肠子都不健康。但是我必须尽可能保留更多的肠子。

最后，我必须做决定，并抱着最乐观的希望。我将无法修复的肠子切除，然后尽可能轻柔地将剩余部分重新连接起来。最后，我缝合了波比的腹腔，交叉手指，祈求最好的结果，然后让麻醉师唤醒她。整个晚上我都在不断地检查她的情况，以确保她的状态稳定。

正如我所怀疑的那样，手术只是第一步，波比在手术后还要经历许多波折。第二天，她的病情加重了。我把她带回手术室，又切除了一些肠子。几天后，同样的事情又发生了。但最终，在几周后，她开始康复了。很快我们就把她转出了重症监护室，拿掉了她身上的导管和监视器，把她推回普通病房的床上了。渐渐地，她的状况开始好转。

随着波比的体力逐渐恢复，我对她有了更多的了解。我了解到她在索韦托的一所小学教英语。有时在巡查病房之后，我会在她旁边坐上几分钟。我们聊过她的计划与抱负、她的家庭与同事。在接下来的几周里，波比的体力逐渐恢复。她开始四处走动，先是在护士的帮助下，然后是自己独立行走。有一天她在阳光下走了几步。我在之后经过病房时，常看见她坐在椅子上读书。后来，她终于可以回家了。看到她离开医院，回到她的家庭和教室里，是我永远不会忘记的事情。

第5章
Chapter 5

空间与他人

　　再次回到曼彻斯特皇家医院，不过这一次我们来到了1976年。当时正是深夜，我正在熟睡，而我的呼机响了起来。虽然我依然是一名医学生，但比起第3章开始采血时的我，此时的我经验更丰富一些。我此时正在产科实习。我经常被人从床上叫起来，去修复会阴切开术的伤口——在妇女分娩过程中，助产士或产科医生有时会用剪刀剪开产妇的阴道。这样做的目的是缓解产道压力，减少婴儿头部撕裂重要结构（如母亲的肛门括约肌）的可能性。我在给婴儿接生的时候学过做这样的切口。后来我才发现，做会阴切开术比修复更容易。

　　那个时候，学生经常会在夜晚被叫去缝合会阴切开术的伤口，因为别人都不愿意做这事。把婴儿带到这个世界上的兴奋已经褪去，而患者通常已经筋疲力尽。当然，修复这种切口对患者以后的生活是至关重要的。它会对母亲的控尿能力与性功能产生重大的影响。我痛苦地意识到我需要把事情做好，但我不确定该怎么做。

根据我见过和做过的几次会阴切开修复术的经验，我知道当我到达时，患者会处于截石位，她的双脚会放在腿架上，双腿张开。这是一个毫无尊严又不舒服的姿势。我穿上手术服，戴上手套，坐在她两腿之间，用便携式手术灯照进她的阴道。护士会把一个无菌缝合包放在我旁边的手推车上，包里有手术器械、棉签和装满消毒液的小碟子。在打开缝合包、准备好注射器、缝合针、局部麻醉剂之后，护士可能会离开去做其他事情。只剩下我一个人，睡眼蒙眬、犹豫不决地盯着一个流血的黑色空洞，试图弄清患者的解剖结构，这和教科书里清晰的图表完全不同。然后我得想起下一步该做什么。

我今晚的患者是布伦达。她刚刚生下来了她的第一个孩子埃玛。这是一次漫长的生产，布伦达已经筋疲力尽了。她只想睡觉，但我们先要处理她的会阴切开术。我怯生生地介绍了自己，试图表现出一种我没感觉到的自信。"你是给我孩子接生的医生吗？"她问。我很尴尬，结结巴巴地说我还不是医生，而是被派来缝合助产士不得不切开的伤口的人。

我坐在布伦达的双腿之间，她的腿上盖着绿色的无菌手术巾。现在我看不到她的脸，也不能做眼神交流。我试着继续聊天，但我很难一边说话，一边注意我正在做的手术。我陷入了沉默，专注于自己的任务。我用消毒液清洗了会阴伤口，然后用注射器抽取了一些局部麻醉剂，慢慢地将麻醉剂注射到她体内，就像别人给我展示的那样。布伦达颤抖了一下，我意识到我太专注于手术，以至于忘了提醒她我要给她打针。我脆弱的信心破碎了，我感到很羞愧。我的处境超出了我的能力范围，我看不见谈话对象的表情，我也不知道该说什么。幸运的是，这一次，护士还站在那里。她握住布伦达的手，告诉她我在做什么——然后让我专心去做。我需要缝合会阴切开术的伤口，同时保持布伦达对我的信心。我到底该怎么做？

"准备工作"

要做好这件事，就需要找到一套可行的方法。我开始修复会阴切开术时，我要把无菌包里的器械拿出来再动手。但我每次需要拿起持针钳或另一个棉签时，我都不得不把目光从患者身上移开，在杂物中四处寻找。我再看向患者时，出血点已经从视野中消失了，而我又得从头做起。

一天晚上，一位好心的助产士看到了我的困境。她走了过来，向我解释如何按照逻辑的顺序摆放器械，这样我就能把手放在我需要的东西上，几乎不用低头去看。她问我是右利手还是左利手，然后告诉我如何确保将重要的工具放在触手可及的地方。如此一来，情况大有改观。从那以后，我每次都把无菌包里的东西按同样的顺序摆放。后来，这种习惯成了我的第二天性，我甚至没有意识到自己在这样做。回想起来，这种做法似乎是显而易见的，以至于我不明白自己为什么一开始没有想到。但这一点在当时看来，并没有那么明显。没有一个医生提到过这种做法——直到有人指出来，我才恍然大悟。即便在当时，也没有人专门给这种方法命名过。

多年以后，我发现厨师将这种做法称为"准备工作"，这是一种法国俗语，意思是"整理你的工作场合"。这是在餐厅厨房这种高压环境里的一项基本原则。在那里，一切都取决于稍纵即逝的时机和完美的协调配合。

不过，"准备工作"并不只适用于厨房。我们进入一辆陌生的汽车时也会这样做：找到前灯、转向灯、喇叭的控制器，然后再开始驾驶。然而，如果真实情况与你的习惯有微小的偏差，依然会让你感到有些不适应。不熟悉的"准备工作"需要你花一些时间去适应。任何租过车的人都知道，想打开转向灯却误打开雨刷器是多么常有的事。

到现在为止，在成为专家的道路上，你已经走完了学徒阶段的一半。你对工具和工作对象越来越熟悉，你也在学习如何在工作中读懂自己的身体。但是，成为专家不仅与工具和工作对象有关，其重点在于你与周围世界的互动方式。要在一个系统中蓬勃发展，你需要了解这个系统是如何运作的，你需要融入其中。这就是你在开始时需要做的。

作为一个初学者，你很容易将关注点放在个人的任务上，而忽视了你工作场所的结构。你已经适应了既有的工作方式，可能会忽视环境的重要性。在任何系统里，你要处理的工作对象与工具都已经被整理好了。

专家不会只专注于一项任务，所以他们的关注点不会只放在眼前的工作上。他们会提前准备好各种事物，知道它们应该放在哪里。他们会关注工作场所是如何配置的，他们的工具在哪里，他们接下来要做什么，以及如何获取自己需要的东西。他们经常与他人共享自己的空间，他们必须注意并尊重他人的所作所为。他们用完东西就会放回原处，从不使用别人的工具。

他人很难注意到专家的严谨周密的工作方法，因为他们的方法看上去毫不费力。

约瑟夫·优素福（Jozef Youssef）向我解释了"准备工作"。约瑟夫是"厨房理论"餐厅的创始人和老板，那是一家位于伦敦北部的实验性餐厅。约瑟夫称"厨房理论"是一间有着料理台的设计工作室。约瑟夫的激情是他所谓的"多感官美食"。如果你去那里用餐，你会体验到一系列不同寻常的菜肴，每道菜都会用不同的方式吸引你的各种感官。约瑟夫的菜肴除了调动你的味觉和嗅觉以外，还会调动视觉、触觉和听觉。它们会邀请你去看、去听、去感受、去闻、去品味。约瑟夫每个月只下一次厨，并且只给14位食客下厨。在其余时间里，他会与学校、行业合作伙伴和学者合作，拓宽公众对于食品世界的看法。然而他在一开始接受的是传统的烹饪训练。

就像本书中的所有专家一样，约瑟夫也经历了积累、运用感官、在空间内摸索的阶段——在他的例子里，他的空间是餐厅的厨房和前厅。他在高档餐饮领域内努力向上攀登，在一些世界顶尖的餐厅工作过。他曾在米其林星级餐厅积累过经验。无论他在哪里工作，"准备工作"都是至关重要的。在专业厨房里，人人都必须知道每样东西的确切位置——从菜刀到案板，再到菜肴离开厨房摆上餐桌前最后一刻要用到的调料。每个人都依赖于对这套工作制度的共同理解。干扰其他厨师的"准备工作"，就像使用其他厨师的菜刀一样，是一种大忌。

烹饪学生从第一天起就被灌输了这种井井有条的需要。"准备工作"始于按顺序写下当天的任务，详细列出你需要的所有东西，确保你可以随时拿到它们。当他们加入专业厨房的队伍时，"准备工作"已经成了他们的第二天性。

约瑟夫跟我说过他曾在多切斯特酒店餐厅制作过成千上万个酥皮馅饼。多切斯特酒店餐厅是伦敦首屈一指的高级烹饪中心。当时厨房团队正在为几周后的一项备受瞩目的活动做准备。约瑟夫每做完一批酥皮，就把它们放进冰箱里，等到大日子到来之前再做进一步的加工，他会在那时做好酥皮馅饼。这只是五道菜中的一道菜里的一个要素。举办这样的大型烹饪活动需要军事行动一般的精确调度。准确记住他事先准备好的酥皮放在冷藏室的什么位置，是约瑟夫的"准备工作"的一部分。他决不能出错。

在米其林星级餐厅工作的人并不多，但人人都需要"准备工作"。无论我们是要记住花园小棚里的工具摆放位置，还是弄清家里备用的灯泡在哪儿，"准备工作"都是我们减轻记忆压力，尽可能减少认知负荷的方法。任何一个试图记住一连串电话号码的人，都明白号码本的价值。同样的道理也适用于物理空间。

专家都会发展出适合自己的系统。在我看来，德里克·弗兰普顿的标本剥制工坊和安德鲁·戴维森的雕刻工作室并不是很有条理。我不知道他们把东西都放在哪里。然而，他们两人甚至不用看就能拿到他们需要的任何工具或工作对象。每样东西都各就各位，每样东西都在该在的地方。只是我不知道那些地方在哪儿。他们眼中的秩序，在我看来是混乱。

我作为一个刚刚进入他们世界的新人，很容易会误以为他们的布置杂乱无章。别人看见我的写字台可能也会说同样的话。在这两种情况下，这都是不正确的。这两种系统都是多年经验的结晶，是专家找到适合自己的方法的结果。

　　成为专家的一部分在于控制你的环境。我在约书亚的工作室里见到他时，他的剪刀、线、裁缝用的粉笔和布料都触手可及。他与和我打过交道的其他专家都有自己的"准备工作"，不过他们大多数人都不会使用这个术语。然而，尽管几乎在所有专业实践领域内，都需要一套系统性方法，但很少有人把这一点解释给新手。正如我在学习修复会阴切开术时发现的那样，作为一个初学者，大家不会告诉你这些，却希望你知道这一切。如果你幸运的话，有人会帮助你，但通常没有人这么做。

　　人们常常听任别人安排自己的工作场所，他们忘记了自己拥有改变环境的能动性。我在帝国理工学院的同事柯丝蒂·弗劳尔（Kirsty Flower）告诉我，直到在实验室做分子生物学博士后的数年之后，她才意识到自己是一个在右利手系统中工作的左利手科学家。从上大学开始，她就融入了一个既有的系统。每次拿起移液管，她都得笨拙地伸手越过工作空间，去拿另一边的样本瓶。她一直都是这样工作的，所以她从没想过改变身边的器具布置。她专注于工作，却因此没有注意她所处的系统。一旦她重新布置了各种事物，她的工作就容易多了。

　　这个例子凸显了学徒阶段的一个特点。你知道其他人比你懂得多，而你想成为团队的一员。你不想看起来像个傻瓜，于是你模仿他人。但你只是在模仿你看见他们所做的事情。你还不明白他们为什么这样做，也不知道他们是怎样做的。所以你常会忽略以后需要依赖的细节。你很少会有信心去改造自己的工作场所，把自己的意志施加于环境——甚至不敢调整椅子以适应你的身高。就像我当初尝试做会阴切开修复术一样，你会去适应你看到的环境，而不会按照自己的需要来改造环境。

　　在家里、工坊里、厨房里或书桌上的混乱中工作是很容易的，只要这是属于你的混乱。只要你对自己的杂物了如指掌，知道你把东西都放在哪里，那种布置就适合你。如果你独自工作，你的空间看起来如何并不重要，只要你能在需要的时候找到需要的东西就好。但如果你和其他人一起工作，就应该保持空间的有序。任何在开放式办公室工作过的人都有这样的经历：当你伸手去拿订书机，却发现有人把它借走了，而没放回去；或者有人动了你在处理的一堆文件。这就是为什么与他人共用工作空间可能会给人带来很大的压力。

　　通常只有在被打乱的情况下你才会注意到"准备工作"。如果有人到你家做客，在晚餐后帮你擦碗，你常常在之后的几周里都找不到餐具。你的客人把东西放在了他们觉得合适的地方，但你觉得不合适。东西放在不合适的地方，就像图书馆的书被放在了错误的书架上。找不到平底锅就已经够糟糕了。更糟的是，你在车库工作，却找不到需要的扳手，因为别人没有把它放回原处。当然，在手术室里，这样做的风险特别高。在那里，有一套制度规定工具该放在哪里，这套制度由专门从事这方面工作的人员制定、实施和管理——这些人就是洗手护士。

　　洗手护士是外科团队的重要组成部分，负责手术过程中的所有器械和材料。他们必须确保在手术结束后，没有任何东西留在患者的体内。每样东西的进出都要有数。洗手护士与外科医生密切合作，他们必须能够立即把手放在任何需要的器械上，并且在使用后将其放回原位。他们必须按照一个固定的流程工作，这样洗手护士在任何一个外科手术团队中都能顺利工作。然而，他们也得按照自己喜欢的工作方式来做自己的"准备工作"。

但是，洗手护士的任务远不止递出和收好器械。专家级的洗手护士会时刻保持警惕，密切关注手术过程，并预测接下来需要做什么。就像索韦托巴拉瓜纳医院里经验丰富的拉马福萨护士一样，洗手护士有多年的工作经验。他们可以教给团队里的其他人很多东西。他们是手术室实践社群的重要组成部分。他们会用一种无声的语言交流，甚至连他们自己也没有觉察到。

我用视频分析合作多年的手术团队时，注意到一名洗手护士在外科医生要求之前就把手术剪递给了他。慢放视频，你可以看到外科医生伸出手来，护士把剪刀把手放在他的掌心，外科医生的手指合拢，开始使用器械。直到那时他才说："护士，剪刀，谢谢。"事后我给这个团队播放视频时，外科医生和护士都不记得发生了什么。他们在一起工作了许多年，他们的动作都成了本能。我曾在一些老派的外科医生手下工作过，他们甚至会说："看在上帝的分儿上，护士，把我心里想的东西给我，而不是我开口要的东西。"他们很依赖那种只会来自长期合作的默契。这是一种高效的、极有条理的"准备工作"带来的结果。

制作羽管键琴

加入一个组织或在一个团队里工作，可以让你从多年来形成的"准备工作"习惯中受益——在外科的例子里，这种习惯经历了几个世纪的发展。但是，如果你曾经尝试自学而没有别人的帮助，那你可能会因为不得不在没有必要环境的情况下形成自己的"准备工作"而遇到困难。

我小时候学过钢琴，不过弹得不是很好。我一直喜爱巴洛克音乐，多年来一直渴望弹奏羽管键琴。在我做全科医生的时候，我曾想冒险一试，买一台来弹。但是羽管键琴很贵，在知道自己是否喜欢弹奏之前，我实在是没有足够的理由去买。我采取了一条折中的道路：自己动手用组装包做一台。即便是一套组装包也几乎超出了我的消费能力，而且会涉及不确定性和风险。我甚至不知道自己能不能完成这件事。

经过大量研究，我决定使用约翰·斯托尔斯（John Storrs）制作的组装包。在进入乐器设计领域之前，他接受过工程师的训练。他利用这种知识背景来确保羽管键琴的关键组成部件万无一失——琴弦的间距、弦轴板上用于固定弦轴的孔，这些部分有一点点偏差，就会导致乐器无法弹奏。那些需要无尽的耐心，但不需要很高能力的部分——组装顶杆，再给顶杆装上马鬃弹簧，打磨乌木和骨质琴键，刮制弦拨，他把这些工作留给顾客来做。

这套组装包是根据著名的佛兰德斯[⊖]制造商汉斯·鲁克斯（Hans Ruckers）于 17 世纪制作的一台羽管键琴设计而成的。这套组装包分了好几个箱子送到我家。我家当时的房子很小，所以我把小女儿从她的小卧室里赶了出来，把她的卧室变成了一个临时工坊。组装包里有两本薄薄的说明书，一本是文字，另一本是图表。

我组装这个乐器的主要问题在于，我不知道我的目标是什么。我必须读懂说明书，说明书的作者知道一些我不知道的东

⊖　欧洲历史地名，泛指今天法国西北部、比利时西部、荷兰南部等地。——译者注

西。没有人帮助我分辨脆弱的工作对象何时会濒临崩溃，也没有人建议我该怎样做"准备工作"。

尽管羽管键琴很小——比三角钢琴短得多，也轻得多，琴键也少，但琴盖下的东西很复杂。对于我要制作的这个乐器来说，每个琴键都有三根弦。每根弦也都有自己的顶杆——也就是一片薄木片，安装在琴键的另一端。当你按下琴键时，顶杆就会用弦拨拨动琴弦。每个弦拨都位于顶杆上的一个小小的、能够转动的拨舌上，这样弦拨就能在上升的过程中拨动琴弦，在返回原位时安静地掠过琴弦。制音器是一小块方形的红色毛毡，嵌在每个顶杆侧面的凹槽里。一旦你松开琴键，制音器就会让琴弦停止发声。这些都需要经过细微的调整。

一共大约有 200 个这样的顶杆。每个步骤（安装拨舌、为安装马鬃弹簧锉出一道小小的凹槽、切割制音器、插入弦拨）都得重复大约 200 次，每一次都有新的心得。通过一遍又一遍的重复，我的感觉从一无所知的笨拙变成了令人厌倦的熟悉——这就是积累的过程。

我能找到这些微小零件的唯一方法，就是学会做"准备工作"。在女儿的狭小卧室里，我在拥挤的空间里工作。我的工具托盘并不比我在学生时代给生下宝宝埃玛的布伦达缝合会阴切开术的伤口时所用的器械推车大多少。我需要这种类似的秩序感。

一个大问题是，我此时在独自工作。我不是在工坊里，身边也没有其他学徒。我只有需要组装的羽管键琴零件。我不懂这个领域传承下来的"准备工作"，也没有几代羽管键琴制造者的集体知识，没有群体的共同智慧。没有能够让我融入的实践社群。我甚至连可供参考的羽管键琴的样例都没有。我只能按照一套图文说明书的指示来做。最具挑战性的是，我不知道接下来会发生什么。我只能一次一个阶段地完成这个项目，不知道所有元素该怎样结合在一起。这两本说明书就像一张地图，而我没有向导。

渐渐地，我开始掌握要领。当我剪裁了无数个红色毛毡制音器，又给一块乌木琴键做完最后的修饰，或者再次用一卷铜线缠绕出一根琴弦时，我在我的"工坊"里越来越得心应手，产生了"机械师的感觉"。

任何开始做一件新事情的人都会有类似的经历。你必须想清楚你需要的各种"零件"，这样你就能迅速找到它们。有时你面临的挑战是身体上的，比如修理引擎、缝合会阴切开术的伤口或制作羽管键琴。有时挑战是概念上的，比如写一篇论文或一本书，这时你就需要找到你研究过的信息和你将要引用的参考文献。无论你的领域是什么，你都需要整理好自己的工作空间。不过工作空间只是一个方面。

个人空间与他人

当我在家里组装羽管键琴时，可以随心所欲地安排我的"工坊"。我可以设计自己的"准备工作"。虽然我第一次的设计不太合理，但为错误承担后果的人只有我自己。可是在我的医疗工作里，我和患者同处于一个空间。我常常需要给他们检查身体，仔细观察并触摸他们的身体。这不是一个简单的过程，在角色互换、我成为患者的时候，我多次发现了这一点。

刚开始在伦敦工作的时候，我买了一辆摩托车。一个夏天的晚上，我骑车回家，但没有放下头盔的护目镜。突然有什么东西撞上了我的脸。我不知道那是什么，但我感觉有液体从脸颊上流下来，一只眼睛的视线模糊了。我觉得这种液体可能有毒或有腐蚀性，我吓坏了。我直接去了当地的眼科医院。首先来看我的是一位眼科实习医生。他似乎和我一样焦虑。虽然这位医生做的所有事情在临床上都是对的，但他的检查让我很不舒服。他毫无预兆地把脸凑近我的脸，用强光照射我的眼睛，然后翻起我的上眼睑，用裂隙灯检查我的眼睛。我畏缩了一下，忍不住扭动起来，这对我们来说都不是一次愉快的经历。

半小时后，我见到了顾问医师。这次的感觉大不相同。她毫不费力地进入我的个人空间，从容又温柔。虽然她做的事情和那位实习医生一样——打开强光，翻开我的眼睑，使用裂隙灯，但她做的方式不一样。我感到有信心、放松、愿意放下防备、接纳她。幸运的是，那种液体原来是水。尽管我的眼睛受了一些损伤，但在接下来的几周内恢复如初了。不过我从未忘记顾问医师的做法。在我看来，她展现出了高超的技艺。

本书中的许多专家都要与他人近距离地工作。要进入别人的个人空间，有一种特殊的技巧。个人空间是一种缓冲区，周围环绕着无形的"第二层皮肤"。这种假想的空间对我们每个人来说都是不同的，我们的大脑会根据社会情境不断地调整这个空间。在陌生人接近你时，让你感到舒服的规则和期望是复杂的。与从未谋面的人握手是可以接受的，牵手则不是。

有些专家（如牙医、眼科医生、理疗师、整骨师和按摩师）

一直在和他人的身体打交道。身体是这些专家的主要工作对象，相当于陶艺师的黏土、家具木工的木材或雕塑家的石头。还有些专家（如理发师、发型设计师、美容师、文身师和身体穿孔师）做的事情也很类似，但是在非临床的情境里。裁缝、束身胸衣制作师、帽子设计师间接地与人体工作，制作可以穿脱的衣物。还有一些人，如餐厅服务员、近景魔术师、戏剧演员，他们在别人的个人空间里工作，但完全不会触碰他人。所有这些领域的专家都有一种你几乎觉察不到的自信。

对于那些与宝贵的工作对象工作的专家来说，这种从容是他们的特点，无论他们的工作对象是人还是物。有一名小提琴演奏家在演出前调音的样子常常让我感到惊讶。即使手中的乐器是无价的珍宝，如斯特拉迪瓦里（Stradivarius）或瓜尔内里（Guarneri）这样的名琴，她也能非常自信地摆弄它。她会轻轻地把琴放在下巴和肩膀之间，松开双手，然后再去转动小提琴琴头的调音弦轴。其他人会害怕在那一刻的紧张中失手，把乐器摔下来，但这些专家对自己高超的技艺很放心。与他人一起工作需要相似的自信——保持尊重而且有把握。

神经科学家迈克尔·格拉齐亚诺（Michael Graziano）研究个人空间已有数十年之久。他在 2018 年出版的《我们之间的空间》（*The Spaces Between Us*）一书的开篇中写道：

> 我们身边都有一个无形的、保护性的气泡。个人空间、安全边界、口臭区、躲闪与畏缩缓冲区——无论你怎么称呼这个区域，它时刻都环绕在我们身边，就像一个力场一样。这个区域有很多层次，有些层次离我们的皮肤很近，就像紧身衣，还有些层次离得远

一些，就像检疫帐篷。大脑中的复杂网络监控着这些保护性的气泡，通过轻微地（有时是剧烈地）调整我们的行动，来保证这些气泡的安全。你可以走过一间杂乱的房间，轻松地在家具间穿行。在大街上，一只鸽子从你头顶上掠过，你就会赶紧躲开。与朋友比起来，你会站得离老板稍远一些，而你与爱人之间的距离会近得多。个人空间通常隐藏在意识的表面之下，偶尔也会被我们觉察到。它影响着人类体验的每一方面。

格拉齐亚诺指出，个人空间作为"第二层皮肤"的最初概念，是在 20 世纪 60 年代作为一种心理、社会现象发展起来的。爱德华·T. 霍尔（Edward T. Hall）在 1966 年出版的《隐藏的维度》（*The Hidden Dimension*）一书中提出了"空间关系"（proxemics）的概念。霍尔用这个概念说明了"人类对空间的利用是一种文化的特殊表现形式"。霍尔的观点建立在动物生物学先驱海尼·黑迪格尔（Heini Hediger）的工作基础之上。黑迪格尔开创了"动物园生物学"——研究人类饲养的野生动物的科学。

黑迪格尔曾任苏黎世动物园的园长，他观察发现，在自然环境中的动物，会生活在相对较小的"领地气泡"内，这种"领地气泡"会跟随它们一起移动。他阐述了动物之间的不同互动距离。例如，逃跑距离是指动物在面对另一物种的动物靠近时能够忍受而不逃走的距离。临界距离是指逃跑距离与攻击距离（进入这个范围，被追赶的动物会转身开始进攻）之间的狭窄区域。个人距离与社交距离与同一种动物之间的互动有关。这些互动决定了动物在自身和群体中其他动物之间所保持的正常间距。

霍尔将这些观察的结果应用在了人类身上。虽然逃跑距离和临界距离基本上已经消失了，但个人距离和社交距离依然存在。他提出了四种距离——亲密距离、个人距离、社会距离与公共距离。这些距离不是固定的，会随着情境而变化。它们划定了一个专属区域，一个你不希望他人进入的区域。霍尔是这样说的："表现出我们称为'领地意识'的行为，是动物（包括人类）的天性。通过这样的行为，它们能够用这种意识来区分一个个体与另一个个体之间的空间或距离。它们所选择的具体距离取决于互动，取决于互动个体之间的关系，以及它们的感受与行为。"

自 20 世纪 80 年代以来，实验神经科学界对个人空间的兴趣越来越浓厚。事实证明，身体周围的空间会在大脑中有一种特殊的表征。格拉齐亚诺自己的实验最先是在猴子身上做的，近年来才是在人身上做的。他的研究发现了一组极为复杂的特异化"多感官"神经元，这些神经元能让我们记住物体的位置，即使在黑暗中也是如此。他的研究表明，好几种行为（首先研究的是动物及其领地意识，后来对人类进行了社会性观察）原来都有一种神经科学的基础，直到现在才刚刚被人发现。格拉齐亚诺提到过一种"模拟气泡包装袋"，这是一种围绕在身体周围的、无形的第二层皮肤。这种"模拟气泡包装袋"使人重视身体附近的空间，同时也会注意到远处发生的事情。但是，与霍尔最初提出的概念不同，身体周围并不存在一层像巨大包裹一样的单一空间。每个身体部位似乎都有自己的"气泡"。这个系统让我们能通过视觉、听觉、触觉甚至记忆来随时关注物体的位置。

该系统依赖于一组明确的大脑区域和一些具有精妙特性的特异化神经元。这个系统能将我们的感官整合在一起，形成一种对于身边物体的视、听、触觉雷达。

我们个人空间的作用机制并不只适用于人——我们同样会将我们的工具纳入自己的近身缓冲区。正是通过这种方式，我们才能在用叉子或螺丝刀时"感觉"到它在做什么，并理解它周围的空间。格拉齐亚诺以吸尘器为例，解释了一个人如何监控吸尘器杆周围的空间，"以确保杆子不会碰到家具或门框、撞倒花瓶、弄伤猫或自己的腿"。他指出，要想熟练地使用工具，你就必须将其周围的空间考虑在内。似乎我们的大脑会将工具整合到身体图式中去，划定一个可调整的安全范围。这个安全范围能够扩张，环绕外界的物体。

这种现象有助于我们理解"准备工作"的重要性——我们需要一个有序而熟悉的环境，让许多事情都能在预期之内。通过这样的安排，我们重新设置了自己的近身缓冲区，这样我们就能把精力集中在手头的工作上，而不必去试着适应我们周围的空间。

个人空间与表现

医学工作者尤其需要用敏感的觉察与技巧来对待他人的个人空间。临床医生要与患者一起工作，需要近距离接触患者，包括触碰和身体检查。有经验的医生无须思索就能成功处理这种事情。他们不仅在接近他人身体时游刃有余，而且在触碰人

体的任何部位时都非常自然。我们很容易忽视这种技能是多么
难以获取，不过我与那位实习眼科医生的经历让我想起了这一
点。在上学期间，我花了很长时间来学习如何进出患者的个人
空间，而不表现出焦虑、尴尬，或者把这种情绪传递给他们。
我必须听他们的胸部、触摸他们的腹部、移动他们的关节、观
察他们的眼睛和耳道。起初我觉得很不舒服，但最终，这种临
床接触成了每次看病的自然组成部分。

　　进入个人空间需要明白如何做出应对。作为有就诊经历的
患者，你知道会发生什么。有些惯例你已经熟悉了。这就像去
听古典音乐会一样。到了音乐会，你要找到自己的座位，安静
地坐着，等待表演者上台表演。你不会打开一瓶威士忌，和朋
友分食一袋炸鸡翅，然后对后面一排的人讲粗俗的笑话。足球
比赛与格拉斯顿伯里音乐节上的规矩是不同的。

　　这些不言而喻的行为模式是我们从小就学会的。你去看医
生时，你知道你可能要做检查，所以在检查的时候你就不会感
到惊讶。然而，临床医生进入患者的个人空间就相当于进入患
者的房子。事实上，在任何与他人打交道的工作领域，你都不
能随意闯入别人的个人空间。你必须得到邀请。你必须表现出
尊重。如果每个人在进门前都要脱鞋，那你也应该脱鞋。

　　优雅和尊重地进入个人空间需要练习。一开始，你可能认
为你的要紧事务（比如获取信息，或者给老师留下深刻印象）比
患者、同事或顾客的需求更重要。你可能根本不会考虑他们的
感受，而把关注点放在自己身上。不过，你会渐渐地把注意力
从自己转移到他们身上，把关注点从自己身上移开，转移到你
们之间的空间上。

在个人空间里工作需要一定的敏感性和"阅读"他人的能力。熟练的专业人士能进入并停留在他人的个人空间，而不会引起不适，甚至不会引起太多注意。在别人的个人空间里感到自在，你也会帮助他人感到舒适。专家让这一点看起来毫不费力，但每个人都知道，如果进入你个人空间的人很笨拙或动机不纯，会给你带来什么感觉。这就好比在你还没有准备点餐的时候，某个服务员朝你逼近，向你唐突地提问；或者是一个同事站在你身后，在你打字时阅读你电脑屏幕上的内容。

发型设计师法布里斯在学徒时期为顾客洗头时学到了这一点。大家最能意识到自己面前的个人空间，因为他们在看向那里。在美发店里，事情却与此不同。为了打理顾客的头发，法布里斯会从侧面或后面接近他们。当然，顾客能从镜子里看见他，但他没有直接面对顾客。人侧面的个人空间警报系统不太敏感，所以从侧面接近更容易与人建立联结。优秀的服务员也知道这一点。他们不会从正面接近食客，而是从侧面接近。他们会一边解读细微的无意识信号——这些信号表明了看不见的边界在哪儿，一边估计和调整自己的距离。这样一来，他们就能进出顾客的个人空间，解读每个个体与群体的关系动力。

许多专家会用一种没有威胁性的初步策略，来接触工作对象，做好工作准备。对于发型设计师来说，这可能是用手指捋一捋顾客的头发。裁缝约书亚首先会绕着顾客走一圈，然后解释说他需要靠近一些，来测量裤子或上衣的长度。与我一起工作的手部外科医生萨姆·加利文（Sam Gallivan），每次在诊所里见到患者时都会与他们握手。在通常的握手过程中，她会多握一会儿，并且开始谈话。片刻之后，她就在患者没有意识到的情况下，评估了患者手指和手腕所有重要关节的活动范围。她还与患者进行了身体接触，为接下来的问诊奠定了基础。

社交技能与专业技能并非总是同步发展的，它们之间的边界也并不明确。法布里斯谈到过一些同事，他们在剪发和发型设计方面才华横溢，但缺乏让顾客再次光临的轻松感。还有些同事擅长人际互动，但他们的专业技能和审美能力却平平无奇。同样地，约书亚也谈到过一些裁缝，他们的社交能力很出色，但设计的西装却很平庸。我们都见过说起话来头头是道却懂得不多的金融顾问，也见过能解决任何问题却不愿看你眼睛的技术人员。要成为专家，这两种能力你都需要。

触摸我的患者

在个人空间里，许多信息都是通过触摸传递的。信心、可靠与关心，或者粗暴、冷漠与无能。我们在片刻间就能感觉出来。然而，娴熟的触觉语言并不是轻易得来的。这种能力需要你留心、努力练习与完善。在所有领域，这都是一种挑战。正如我们所见，触摸是一种近距离的接触，具有双向作用。这是一门需要学习的语言，但没有关于它的字典。

在我上医学院的时候，没有老师说过："罗杰，你得学会如何进入患者的个人空间，在那里面工作，还要熟练运用触摸的语言。"没有人对法布里斯和约书亚这么说，也没有人在约瑟夫开始在厨师团队里工作时向他解释过这一点。这些技能是其他工作的副产品，我们都在不知不觉间学会了这些东西。那些年的采血、切洋葱、扫地或量内缝的工作，帮助我们培养出穿过别人看不见的第二层皮肤的信心，也帮助我们培养出能在他人的个人空间里感到自如，同时也让他们感到舒服的信心。我们都花了很长时间才能做到这一点。但是，我们的努力都得到了一个系统、一种"准备工作"的帮助。

回到布伦达和她的新生儿身边。当时已经是深夜，会阴切开术的缝合已接近尾声。我的压力很大，不过我尽量不表现出来。我知道这次修复手术对她来说有多重要，我想尽力做到最好。我对这两个方面也更加自信了：为自己的"准备工作"负责，在别人的个人空间里工作。这一次，我得到了经验丰富的同事的帮助，他们是我所在的系统里的重要成员。助产士教会了我如何布置好手推车里的器械，护士在我专心工作时和布伦达讲话。

我打上结，剪断最后一根缝合线，收拾好我的棉签和器械，把针头放进利器箱里，取下绿色的手术巾，摘下手套。助产士的剪刀切口干净利落，我也成功地按照老师教的方法缝合了会阴层。布伦达的伤口会愈合得很好。我帮她把腿从腿架上放下来，确保她舒服地躺着。然后我向她保证一切都结束了，一切都很顺利。"谢谢你，医生，"布伦达说，"我几乎一点儿感觉都没有。可我现在太累了，我要睡一觉。"

我道了别，让她和刚出生的宝宝共享私人空间，然后回到了自己的床上，打算在呼机再次响起之前睡上一会儿。这一次，一切都很顺利，但事情并非总会按计划发展。在下一章里，我们会看到那些事情出错的可怕情况。

第**6**章
Chapter 6

犯错与改正

一天晚上，在索韦托的巴拉瓜纳医院，我开始给乔纳斯做手术。他的脖子被刺伤了。当时我来巴拉瓜纳医院的时间还不长。说"我感到焦虑"简直是轻描淡写。颈部受伤是出了名的棘手。颈动脉壁痉挛与临时产生的血块结合在一起，通常可以阻止最初的出血，而且起初看来，乔纳斯的伤口并不严重。一旦你移除血块，一阵一阵的血液像喷泉一样溅到你的脸上，这种令人安慰的安全感就突然消失了。在你弄清楚状况之前，如注的血流淹没了你的视野。如果像颈动脉这样的重要血管受损，血液会在血压的作用下进入周围的组织，让一切都变得扭曲起来。解剖结构之间的边界消失了，而你也会迷失方向。如果动脉状况不好，静脉就更糟糕了。要是在静脉上打个洞（静脉壁薄得像纸一样，所以极有这种可能性），一种不祥的嗖嗖声就会提前一秒给你警告：一股血浪马上就要涌出来染红一切。这是最可怕的事情之一。

给乔纳斯做手术，就像在湿软的沼泽里寻找出路，我试图找到重要的组织结构。我一边摸索一边剪，正要剪开一些看起来很可怕的结缔组织。某种原因（我现在依然不知道是什么原因）导致我停下来检查。我突然意识到，我正要剪开的东西其实是颈内静脉。这条重要的血管负责将血液从大脑运回心脏，剪断这条血管将是一场灾难。从任何意义上讲，这都是令人心悸的一刻。我呆住了，不知道接下来该做什么。为了争取时间，我用棉签用力按压，等待我的脉搏稳定下来，心想我差点儿酿成了一场灾难。

我努力回想我关于颈部解剖的知识。我应该倒背如流。但是，我的外科训练才开始不久，独立做手术的时间也不长。即使在理想的情况下，颈部也是个可怕的部位——即使在计划好的手术中，在你能看到如同课本上和解剖室里学过的那些严密的解剖结构的情况下，也是如此。但如果有人被刀子捅了，就不存在任何确定性了。

"单飞"

头部和颈部的解剖结构复杂到了难以置信的程度，我并不是唯一对此感到困惑的人。在我上医学院的第一年里，我去看我们的家庭医生，提到我刚刚开始上医学院。他从书架上抽出一本崭新的《格氏解剖学》（*Gray's Anatomy*）递给我。"拿着，"他说，"还是给你吧，我用不上了。我永远也记不住那些脖子里的小东西的名字。我到现在还会做有关它们的噩梦。祝你好运。"

很快，我就完完全全地明白了他的意思。

多年以后，我在给医学生讲授解剖学的时候，我对脖子里的小东西更加熟悉了。我们花了整整一学期的时间在头颈部。最后，我弄懂了那些"带状肌"，这些名称似乎是故意让人混淆的：胸骨舌骨肌、胸骨甲状肌、肩胛舌骨肌、甲状舌骨肌。我了解了这些结构是如何相互配合的：大动脉和大静脉将血液送至和送出大脑，神经向四面八方扩散，气管将空气经由喉部送到肺部，还有难以捉摸的食道——它是出了名的难伺候，一旦受伤很难愈合。我日复一日地指导学生做解剖。到了那年年底，我对解剖学有了相当不错的了解。我通过了外科医生的初级院士考试，沾沾自喜地以为医学院的苦日子终于到头了。我已经记住了所有那些小东西的名字，也知道它们的确切位置。终于，我全都懂了。事实上，这并没有那么困难。

站在乔纳斯的手术台边，我发现了学会信息和拥有知识之间的区别。活人的解剖结构与尸体的截然不同。这件事超出了我的能力范围，但我没有人可以求助。我必须硬着头皮做下去。我已经独当一面了，面临的风险是真真切切的。

在本章中，我们将探讨你在学徒与熟练工的交界处会遇到的事情。你已经花了多年时间在第 1 章概述的早期道路上跋涉。到目前为止，你一直在学习别人做事的方式。你被包裹在一个保护罩里。和你一起工作的人知道你会犯错，因为你缺乏经验和技能。作为一名学徒，一开始你很清楚自己所知甚少（即我在第 3 章中描述过的"有意识的无能"）。不过，技能上的困难会逐渐消退。你不再需要全神贯注地做每件事情，努力把精力集中在你手头的事上。你变得更加自信，开始习惯事情的常态。

你可以独立做更多的事情了。最后，你来到了独立的边缘，准备进入"熟练工"阶段。

这时，你可能认为自己知道的比实际上更多。在受保护的环境所允许的狭窄范围内，你已经成为专家。一旦那些环境发生变化，当你独当一面的时候，你会发现你面对的挑战是自己以前从未意识到的。你会有一种不同的犯错体验，这种错误会给所有相关的人带来严重的后果。如果你的工作对象是其他人，这一点尤其明显。

你无法避免犯错——犯错是成为专家的必经之路。我在给乔纳斯的脖子动手术时，已经开始为自己的工作负责了，独立担任主刀医生。但是，在创伤外科方面，我还很稚嫩。虽然我越来越有信心，但我还不知道我有多少不知道的东西。与我打过交道的所有专家都有类似的经历：在糟糕的事情发生之前及时停下来，侥幸逃过灾难。

当你不再在别人的工坊里负责部分任务，而开始为整体工作负责时，就会犯这样的错误。这就是我在给乔纳斯做手术时所处的阶段。你已经达到了自己能力与经验的极限，却不得不继续推进，你必然会犯错。通常情况下，你会及时发现并纠正错误。为了提高自己，你必须扩大自己的能力范围，而你只能通过挑战自己来做到这一点。有时糟糕的事情会发生——工作搞砸了，有人受伤了，你的信心也受到了打击。

处理错误，需要你和出于各种原因而对你失望的人打交道。发型设计师法布里斯认为这些互动需要心理技能，而不是用剪刀和梳子的专业技能。这一章讲的就是在事情出错时你要如何识别并做出反应。无论你读过多少书，或者别人给了你多少建议，你都必须亲身体验。你必须学会在意识到自己面临灾难时如何应对那种难受的、心中一惊的感觉。这就是你在"单飞"时会遇到的事情。

"单飞"是独立做某件事的简略说法，但有时它就是字面上的意思。我在索韦托学做外科医生的时候，学会了开飞机。这是一件疯狂的事情，但我很喜欢。

每天我开车前往和离开医院的路上，都会经过一座小机场。一块破破烂烂的牌子上写着"巴拉瓜纳飞行学校"。有一天，我进去了。这所飞行学校的总部是一间单层的棚屋。这里只有一条跑道，没有控制塔，还有几架小型单引擎飞机停在停机坪上。原来这里开设了试航课程，你可以跟教练一起飞上一个小时，看看自己是否喜欢。我和比尔一起去了试航。比尔是一个性情粗鲁、头发花白的南非白人，几十年来一直在开飞机，见多识广。我们开的是一架双座飞机，我坐在副驾驶的位置上，也有一套控制系统。我们爬升到一定高度时，比尔指给我看下面的医院和远方约翰内斯堡的轮廓。这种感觉很奇妙。然后他允许我来开飞机。

当然，我不是真的在开飞机——显然我不必承担任何责任。但是我在操作操纵杆和方向舵，让飞机倾斜和转向；我在运用自己的感官，了解空间与他人。我领略了驾驶舱内的"准备工作"，也瞥见了天空中我们需要避开的其他飞机。回到坚实的陆地上后，我立即报名参加了课程。

那架飞机的型号是塞斯纳 152，是你能找到的最小的飞机之一。它就像一辆有机翼的二手车，它的呼号是 KSL，即基洛·谢拉·利马（Kilo Sierra Lima）。在接下来的几个月里，我对 KSL 变得非常了解。一开始，我只能做"绕圈与降落"。比尔和我花了好几个小时练习起飞和降落，一遍又一遍。我们在着陆后没有停下来，而是打开节气门，起飞做另一次"绕圈"。我对绕圈的线路已经烂熟于心了——跑道上方的一个假想的长方形，每条边都有专门的名称，如二边、三边、四边和五边。我一次又一次地按步骤起飞、爬升、适应天气状况、降落，然后再做一遍。侧风着陆。打开襟翼，放下襟翼。

有一天，在又 次起飞和降落之后，比尔让我停下来。我想我一定是做错了什么，准备挨一顿骂。然而，他走出驾驶舱，关上了舱门。"我去教学楼里，"他说，"你回来时告诉我一声。"我还没有意识到发生了什么，就已经起飞了。我俯视着飞行学校，这次我是独自一人。

当你在天上独自一人的时候，一切都变了。所有的课程、理论、操作步骤都变得模糊起来。天上只有你自己，在降落时不会有比尔做微小的调整。但不知为何，一切都很顺利，我安全着陆了，让 KSL 稳稳地停了下来。在每个人成为专家的道路上都会有这一时刻。从某个时间点起，每个人都得自力更生。

从那以后，我的信心开始增长。清晨上班前，我会一个人前往机场。我花了足够的时间积累。我练习了进入和改出初始螺旋状态，并从失速中恢复。终于到了我飞行测试的那天。考官考查了各项科目。我展示了侧风短跑道起飞，沿航线飞行，并且在引擎故障的情况下紧急迫降。我自豪地获得了私人飞机驾驶执照，并迫不及待地想使用它。

不久之后，我犯了一个可能会害死自己和几百个其他人的错误。

纠正错误

人人都会犯错。没有人愿意犯错，但这就是生活的真相，也是我们学习的方式。到目前为止，我们在本书中讨论的是在一个保护你的环境中练习你的技艺，防止你造成太大的损害。在最开始的时候，法布里斯只需要给客人洗头，而约书亚只用制作袋盖。我也不会一开始就给脖子上的刺伤动手术。我从最简单的临床操作做起，比如采血。在做医学生和实习医生的时候，总有我可以求助的人——不过在当时的环境氛围里，不到万不得已，我是不会求助的。每个人都知道我在学习，他们对我有一定的宽容。如果我真的陷入了困境，我可以求助，唯一受损的只有我的自尊。

但是总有一天，你必须对自己的工作负直接责任。你要直面工作的后果，尤其是在工作的重心是其他人的情况下。你必须在一个不再宽容你犯错的世界里做决定。这是你自己的选择，你必须面对。

有时你会发现自己力不从心，平常熟悉的参照物已不复存在。有时候，就像我在手术台旁面对乔纳斯脖子上的刺伤一样，你也会在酿成大错之前停下来。但有时你停不下来，糟糕的事情就会发生。

重要的是你如何从错误中学习。这说起来很容易，但当你因为经验不足或注意力不集中而伤害到别人时，你就很难应对了。并非我所有的错误都与医学有关。要说起我犯的一个很严重的错误，就得回到巴拉瓜纳飞行学校。在那里，我犯下的第一个严重错误，几乎就成了我这辈子犯的最后一个错误。

我拿到飞机驾驶执照后不久，就驾驶 KSL 飞往不远的兰德机场。兰德机场是约翰内斯堡的几个大型机场之一，但我从没去过那儿。我的飞行学校很小，连控制塔都没有，所以我想去更大的地方练习飞行。教练比尔告诉我："兰德机场绝对不容错过。起飞不久后在银色水塔处左转，你就能看到前方的跑道。"

我起飞了，看到了银色水塔就向左转。起初我找不到机场，于是又向前飞了一段。最后我看到了一条相当宽敞的跑道。不过这条跑道有些偏向一侧，和我想的不太一样，我用无线电通知了兰德机场控制塔，得到了许可，然后降落了。跑道似乎很长，我沿着跑道滑行。我经过了一排喷气式飞机，看到一个标志上写着"欢迎来到约翰内斯堡国际机场"，这时我才意识到我未经知会就降落在了这片陆地最繁忙的机场上，而不是我原本的目的地。很快我的无线电响了起来，一个愤怒的声音喊道："基洛·谢拉·利马，基洛·谢拉·利马，你能听到吗？"

我把我的小塞斯纳飞机停在了控制塔前，然后花了半个小时与空中交通管制员和他的团队进行了一次非常难堪的访谈。非常幸运的是，当天下午机场并不繁忙，没有一架客机要起飞或降落。如果我在一架飞机的行进路线上降落，可能就会造成灾难性的事故，害死我自己和对面飞机上的其他人。

我没有受到严惩的唯一原因是，控制塔上的工作人员也放松了警惕，直到我着陆时才注意到我。周围的每个人都气冲冲的。虽然主要责任在我，但本应及早发现我犯错的安全保障措施也失效了。所以，在接受严厉的训斥之后，我更加警醒了，他们允许我回到 KSL，飞回巴拉瓜纳机场。

一下飞机，我就告诉了比尔我所做的事情。照顾别人的感受不是比尔的长项，我准备好接受他喋喋不休的训斥了。可让我惊讶的是，他却哈哈大笑起来，把我带进一间私人房间，不知从哪儿拿出一瓶酒，给我们俩各倒上一杯，讲起了他有一次因为忘记放下起落架而毁掉一架双引擎飞机的故事。然后他又讲了更多的故事，而我意识到，由于犯了错误，我朝着实践社群的中心又迈进了一步。我加入了老练飞行员的行列，他们都犯过一些通常不愿谈论的错误，他们知道错误是不可避免的，但只有在你犯了错误之后才会告诉你他们的错误——就像外科医生一样。

　　比尔并没有淡化我的错误的严重性。这件事可能会带来可怕的后果，幸运的是我没有酿成大祸。但他知道我需要利用这段经历来成为一名更好的飞行员，而不是让这件事浇灭我的勇气，以至于再也不敢飞行。

剖析错误

　　虽然严格来讲，这次属于"未遂事故"，但我驾驶 KSL 所犯的错误远远超出了初学者犯错的"正常"范围。那座机场里从没发生过类似的事情——没有一架飞机能直接降落在一座大型机场，而不在进入视线范围前早早地用无线电联络。由于我的错误太严重了，我和其他人都没想过会发生这样的事情。控制塔团队和我都在按计划做事，这种不熟悉的情况让我们措手不及。我只想着降落的步骤，而没有考虑我是否降落在了正确的地点。这就好比在错误的患者身上做了一台完美的手术。

我在手术中的"未遂事故"与此不同。这些"未遂事故"的原因是我发现自己处在陌生的情况里，不知道该做什么。在给乔纳斯做手术时，我无法辨认出熟悉的参照物。我以前做过颈部手术，但现在乔纳斯的脖子看起来完全不同。

在巴拉瓜纳医院的另一个晚上，我在给一个胸部有穿透伤、腹部也有伤口的患者做手术。当时我连他的名字都不知道，因为他到医院时已经因为失血过多而奄奄一息了。我们只好直接把他送进手术室。我刚处理完他腹部的伤口，他的情况就急转直下，我意识到我必须做开胸手术。刺伤他的那把刀一定很长，因为靠近心脏的大血管正在出血。我没见过多少胸外科手术，更别提动手做了，我又一次离开了自己的舒适区。但我别无选择，只能迎难而上。

胸外科是一个专业的领域，做手术需要专门的器械。打开胸腔之后，我发现血液正在从一根连接肺部的大血管里喷涌而出。我能看到出血的位置，如果想要患者活下来，我就需要迅速止血。

在这种紧急情况下，你必须目不转睛地盯着伤处，你的洗手护士则要扮演重要的角色，把你需要的东西放在你的手上。在当时，与我合作的护士也没有做过多少胸外科手术。我想要一个弯的夹钳来止血，我伸出手去，感到夹钳的手柄拍在了我的手掌上。我正要用夹钳去夹脆弱的血管，这时我才意识到，护士给我的不是我想要的软血管钳，而是支气管钳。这种夹钳的钳口上有尖利的刺，是用来夹呼吸道里较硬的软骨的。它会把脆弱的肺血管夹碎。时至今日，我依然能感觉到我在意识到患者死里逃生、我险些酿成大错时的心跳。

我在手术室内与驾驶飞机时的"未遂事故"既有相似也有不同。回想起我未经知会就降落在约翰内斯堡国际机场时的场景，我能找出几种典型的错误。降落在错误的机场纯粹是由于缺乏经验造成的错误。当时天气很好，没有明显的问题。我应该做得更好，但我没有识别关键信号并做出适当反应的经验。我学得还不够。我从巴拉瓜纳机场起飞时，把全部注意力都放在了驾驶飞机、无线电通话和寻找银色水塔上。我不清楚我要去哪儿，我以前没去过那里。我听取了一些比我更有经验的人的建议，他们以为我的经验与他们相当。对他们来说，只需要知道"到了银色水塔处左转"就足够了，但我需要知道左转之后该做什么。我没有想到附近会有不止一座机场。虽然在备考私人飞机驾驶执照时，我一直在研究航空图，直到不胜其烦，但我没有意识到这一点。

最重要的是，我当时很焦虑。当我看到跑道时，我如释重负，草率地认为我到达了正确的机场，但事实出乎了我的意料。我没有质疑自己的假设，而是过于关注飞机的降落。这种情况与丹尼尔·卡尼曼所说的系统 1 与系统 2 思维有关。在我的例子里，我在按照系统 1（快速的、自动化的方式）工作，但我实际上应该使用系统 2（全面分析各项因素的、勤勉、努力的方式）。

做假设是非常容易的。在外科训练中，你要花很长时间学习解剖学，主要是从课本上学习。这是非常详细的知识，提供了一种令人安心的确定性，但这种确定性可能是虚幻的。你脑子里全是"胃切除术"（切除胃部的手术）这样的术语——你想到的是书中的描述，以及你接触过的其他患者。但如果你不亲自去见识，就不知道眼前这位患者的胃是什么样子。

在第 4 章中，我谈到了"看"，真正的"看见"你眼前的东西，而不是只看到你希望发现的东西。我开飞机的经历告诉我，你感到脆弱的时候——感到不确定、力不从心、疲惫以及所有其他书里没提到的感觉时，正是你需要注意报警信号而不是埋头苦干的时候。幸运的是，我在给乔纳斯做手术时正是这样做的，我差点就切开了他的颈内静脉。有时你会被迫离开自己的舒适区，因为环境是你无法控制的。你会发现自己置身于不愿选择、无法回避的境地。如果你够幸运，就可以向人求助，但通常你只能独立应对。

错误看似很糟糕，但它既重要又不可避免。我们面临的挑战不是消除错误，而是将它造成的损害降到最低。"糟糕的错误"与"可敬的错误"是有区别的。前者是指那些本可以避免的有害错误，而后者是指你尝试了某些事情却失败了。"可敬的错误"并不可耻。相反，这是大家进步的方式。这样一来，错误就变成了需要学习、体验、纠正和重塑的东西，而不是需要彻底避免的东西。没有人以犯错为目标，但从错误中学习是成为专家的必经之路。这是你进步的方式。错误与失败不是一回事。

假设的危险

就在我降落在错误机场的时候，发型设计师法布里斯在他学艺的美发店里，正准备给当天的最后一位客人服务。他感到有些压力，因为要尽快完工，这样美发店才能按时关门。此时法布里斯已经掌握了许多专业技能。他擅长使用剪刀和梳子，擅长处理不同类型的头发。经历了多年的学徒生涯，他几乎不用思考自己在做什么，可以在工作的同时与人自如地交谈。

这一次，他的客人是一位短发的中年妇女。剪到一半，他突然发现他把客人头顶上的头发剪得太短了。发型设计师常说："剪得太短，为时已晚。"那天，法布里斯有了一种我在手术室里体验过多次的沉重感。

在外行人看来，发型设计好像是关乎技术的，关乎造型与修剪。事实上，最重要的部分是设计。每个人的头发都长得不一样，这种生长的模式是至关重要的，尤其是头顶的头发。如果你不顺应这种规律，就会剪出一些看起来很合理的发型，但很快就会随着头发的生长而变形。对于较短的发型来说，这一点尤其具有挑战性，即使一毫米的偏差也能产生巨大的影响。

法布里斯出现了失误，现在他必须处理这个错误。他之前与这位客人建立了一定的关系，于是他直言不讳。"我剪得比预计的短了些，"他说，"可能我看错了头发的生长模式。两周后应该就没问题了，但今天头发会看起来比您预想的要短一些。您可以接受吗？"客人不太满意，但她接受了法布里斯的解释。下次预约时，她甚至坚持要法布里斯来给她剪发。

法布里斯犯这种错误的原因是过度自信。由于过度依赖自己逐渐掌握的各项技能，他忘记了应该反复检查自己做得是否正确。后来他发现，所有发型设计师都会犯这种错误，即使经验非常丰富的人也不例外。法布里斯成了犯过错误的发型设计师社群中的一员。即使最著名的发型设计师也不能幸免。时装设计师玛丽·奎恩特（Mary Quant）曾讲过著名发型设计师维达·沙宣（Vidal Sassoon）在 20 世纪 60 年代给自己剪发的经历。"一天晚上，"奎恩特回忆道，"他当着各路摄影记者的面给我剪发，宣传他新设计的'五点几何波波头'。在大批观众的刺激下，他大刀阔斧地剪了下来——剪到了我的耳朵。剪到了肉最多的那部分，我从没流过这么多血。"

裁缝约书亚在职业生涯的这个阶段也犯过错误。当时他刚刚结束自己的第二次学徒生涯，成为一名有资质的裁缝。他故意寻找有挑战性的顾客，以积累经验。其中一位顾客是残疾人，他的体型很不寻常。他和约书亚决定了西装的款式，然后开始试穿。在第三次试穿时，约书亚发觉衣服变得更不合身了，而不是更合身。

约书亚擅长为普通人制作西装，但还没有与这类身材不同寻常的人工作的经验。他意识到，他不可能把现在这件西装修改成他想象中的样子。他的设计是以更常见的身材比例为基础的，这是一个错误。他勇敢地决定放弃目前所做的一切，重新开始。他利用他从失败中学到的东西，做出了一个不同的设计。最后，他成功了，顾客很高兴。但是，要做到这一点，约书亚必须认识到自己的处境需要彻底转变思路，而不是小修小补。他必须放弃当时所做的一切，包括材料、制作裁缝的工作、他和顾客的时间，而这需要勇气。不过他的首要任务是把工作尽可能做好，而他只有重新开始才能达到这个目标。于是约书亚跳出了他工作中的窠臼——他学到的方法与习惯的假设，采用了另一种思路。这很难做到，但这也是进步的重要组成部分。这种改变思路的能力是成为专家的标志。

做了几年全科医生后，我也有了类似的经历。有一位名叫贝萨妮的患者前来找我，因为她感觉很累。她当时 40 多岁，需要照顾家庭，为事业奔忙。除了消化不良，她的病史里没有什么具体问题。我安排了一次验血，结果表明她有贫血，所以下一步就是找出原因。我有点儿担心她可能会有更严重的问题。我认识贝萨妮很多年了，她看起来有些不对劲。由于她消化不良，我把她转诊给了肠胃科医生。肠胃科医生安排了各项检查，包括内窥镜检查（把一根软管伸入胃中，另一根伸入直肠），结果都是正常的。他向贝萨妮保证一切正常。但几个月后，贝萨妮又来见我，因为她越来越累了。

虽然医院的肠胃科顾问医师说她没有问题，但我意识到，这只是因为他是从专科医生的角度来看待问题的。他说贝萨妮没有问题，他的意思其实是她的消化系统没有问题——并不是说她完全没有问题。作为全科医生，我的工作是后退一步，思考我们是否提出了正确的问题。也许她的问题不在于消化系统，而完全在于身体的其他部分。

最后，事实证明贝萨妮患有早期子宫癌。幸运的是，我们发现得很及时，她也恢复了健康，但我当时很可能会忽视这个问题。我们非常容易从问题的初始思路出发，并一直坚持那套假设。我必须学会停下来、后退、重新思考——检查我是否在治疗正确的问题。

我相信我们都曾坚持过错误的假设，治疗患者的症状而非找出导致症状的原因。房子里的灯熄灭时，你的第一反应是换灯泡。但是如果你换的灯泡也坏了，那你就得寻找其他的解释了。我在学生时代开的那辆破旧的莫里斯小型面包车也出现过这样的问题。有一天，这辆车嘎吱一声，在路边抛锚了。燃油表上显示"满"，所以我知道那不是问题的原因。我给道路救援机构打了电话，维修师傅做的第一件事就是用一个罐子往油箱里倒了一些汽油。汽车立即发动了，我觉得自己像个十足的傻瓜。原来是我的燃油表有问题，卡在了"满"的位置上。

思路的错误

如果你在错误的机场完成了一次教科书般的降落，或者完美地剪出了一个不合适的发型，那么你的错误并不是技术上的失败，而是未能看清大局的失败。成为专家意味着你必须将知识和技能与对整体情境的理解结合起来。你必须对周边发生的事情保持清醒的认识，而不是仅仅关注问题的核心。

在这个阶段，你即将成为独立工作的熟练工。在做学徒的时候，你犯错的后果和影响与此时不同。现在的错误可能会影响工作本身、你的同事或他人，比如患者或乘客。你每犯一个严重的错误之前，都会经历许多次"未遂事故"。一些"未遂事故"是应受责备的，还有些则不是。但是，成为专家还需要你培养抗逆力，坚持前行，同时不要轻视错误，也不要让错误打垮你。萨缪尔·贝克特（Samuel Beckett）简洁明了地指出："尝试过，失败过，都无妨。再尝试，再失败，纵使失败也是进步。"

这需要自我意识与洞察力。回到医学界，勒妮·福克斯（Renée Fox）在她 1957 年出版的《不确定性训练》（*Training for Uncertainty*）中提出了三种不确定性。"第一种不确定性源于对现有知识的掌握不完全、不完美，"她写道，"第二种不确定性取决于当前医学知识的局限性……不确定性的第三种来源，是前两种不确定性的结果。这种不确定性包含了如何分辨个人的无知、无能与现有医学知识局限性的难题。"虽然福克斯讨论的重点是医学，但这个道理适用于所有专业领域：你很难知道自己不知道什么。

通常情况下，大家犯错并不是因为他们知道得不够多，而是因为他们出于某种原因做了错误的事情。不管别人多少次告诉你要在电脑上保存自己的工作项目，但迟早你会把这种忠告抛诸脑后，一天的劳动就此付诸东流。不管你的老板多少次警告你不要把引擎上的螺母拧得太紧，但总有一天你会用力过度，把螺母拧坏。你需要靠这种错误来发展对于物质世界的具身理解，并了解与之互动的感觉。你需要靠这种方式了解工作中的极限，知道何时工作对象或他人会濒临崩溃。只有通过拧坏螺母，你才能在内部感觉库中存储"紧"和"太紧"的感觉。这是一种可怕的感受，但我们人人都会体会到。

我在制作羽管键琴时就遇到过这样的事情。那时候，距我在约翰内斯堡机场犯错已有十多年之久了，我已经回到了英国。开始制作的六个月后，我似乎又面临了世界末日。我已经完成了基本的组装，装好了琴键，做好了几百个安装琴弦的顶杆。现在我要开始"定音"了，刮制弦拨，为羽管键琴赋予触感与音色。

定音的诀窍在于用小刀削刮每根弦拨，使其音量与音色与其他琴键相匹配。一旦你学会了使用小刀而不把拇指切掉，你就能依次加工每个弦拨了。这是一项挑战。刮得太少，琴音就会尖锐刺耳。刮得太多，琴音就几乎听不到了。再多刮一点，弦拨就会断成两截。这个过程会变得越来越困难，因为比起较轻的高音弦，较重的低音弦需要的弦拨更结实。为羽管键琴的弦拨定音，就是在崩溃的边缘处理脆弱的工作对象。就像邓肯·胡森制作陶瓷花瓶一样，"太少"和"太多"之间的界限非常微妙。

经过几个月的努力，我的羽管键琴终于要完成了。每个琴键都能正常工作，听起来定音做得不错，我已经迫不及待地想要弹奏了。但首先我得把琴从制作它的小卧室里搬出来，把卧室还给小女儿。移到大一些的房间里时，我惊恐地发现，我几乎听不到羽管键琴的声音。声音似乎完全消失了：我把所有弦拨刮得太多了。后来我了解到，这是一个典型的初学者错误，我是为制作羽管键琴的房间给琴定的音，却没有为演奏它的房间定音。借用法布里斯和其他发型设计师的话来说，"刮得太短，为时已晚"。如果你刮掉的部分太多，就不能再拼回去了。你只能重新开始。我必须将那 200 个弦拨一个一个地取下来，再经历一次这个痛苦的过程。我很生自己的气。

这里有几个问题。我以前从没制作过羽管键琴，所以我不知道我要经历哪些阶段，也不知道它应该发出什么样的声音。我是在孤立的环境里制作这台乐器的，没有任何可以帮助我的人，所以我不是实践社群中的一员。我在试着解读一个已经是专家的人写的说明书，他知道最终结果应该是什么样的。这样的说明书假定我有先前的相关知识，但我没有。因为我从没弹过羽管键琴，所以我并不真正知道我的琴应该发出什么声音，也不知道它弹起来应该有什么感觉。我在制作这台乐器时，并没有多少参照点，也不清楚我的目标。

集体错误与同谋

我在给羽管键琴定音时的错误是我自己一个人的责任，因为我缺乏经验，无法从全局来考虑问题。但是，与个人工坊里的错误不同，手术中的错误很少是由一个人造成的。有时这些错误是由于默认、不作为的态度或大家不愿意干预而造成的。这些错误有时在事后很难解释。

我在医院实习时对这一点有过亲身的体会。当时我所在的心外科的氛围很糟糕。由于某种原因，顾问医师似乎在相互争斗。作为一名住院医生（正在受训的外科医生），我能感受到这种敌意的冲击。在心脏手术后，患者会被送入重症监护室休养。不论何时，我的每位顾问医师都有患者在重症监护室里。我的任务之一，就是确保这些患者病情稳定，并调整在术后支持他们心脏的静脉药物。每隔四小时就会有一次查房。外科顾问医师会轮流带领我们查房，做出指示。每位顾问医师都会撤销上一位医师发出的指令，除了强调自己的权威，我看不出他们这样做有什么理由。那是个可怕的工作环境。

我的部分工作任务是协助心内直视手术。在手术中，医生会给患有主动脉瓣或二尖瓣疾病的患者接上体外循环机（人工心肺机），这样患者的心脏就可以停止跳动，医生就可以切除有缺陷的瓣膜，植入人工瓣膜。虽然这种手术很常规，而且一般来说是安全的，但重要的是要尽量减少患者停留在体外循环机上的时间，因为这可能会导致脑损伤和其他并发症。

当时的替换瓣膜是一个装在金属笼架内的硅橡胶球。当心脏收缩时，硅橡胶球会向前移动，让血液流通。心脏舒张时，球会回到原来的位置，阻断血流。笼架周围有一个缝环，缝环使得新瓣膜能够牢固地缝合，缝合处不会渗出液体。

有一天，我担任由一位资深顾问医师主刀的瓣膜置换手术的第二助手。第一助手是一位经验丰富的心外科住院医生，团队的其他成员（洗手护士、巡回护士、血泵技术员以及许多其他人）都做过无数次这样的手术了。我只观摩过几次瓣膜置换手术。

患者一接上体外循环机，心脏一停止跳动，顾问医师就迅速切除了病变的瓣膜。然后，他就开始了缝合新瓣膜的艰苦过程。与往常一样，他开始了缝合。要缝上长长的一圈，每一针都要结结实实地穿过病变瓣膜残留的边缘，然后再穿过替换瓣膜的缝环。他让新瓣膜顺着这些缝合线滑落下去，直到瓣膜牢牢地固定在心脏上，然后打结。

在这个过程中，我产生了一种不舒服的感觉。我试着想象这个新瓣膜在心脏里是什么样子，硅橡胶球会在笼架里如何移动。似乎有些不对劲，我无法想象血液如何沿着正确的方向流过瓣膜。我有些犹豫自己是否应该说些什么，但似乎更难想象的是，这个经验丰富的外科医生会把瓣膜的方向装反。不管怎样，如果真的出了错，团队里的其他成员（经验也都非常丰富）肯定会喊出声来的。于是我什么都没说。我继续握着牵开器，外科医生将瓣膜放到合适的位置，然后给所有的缝合线打结。他的第一助手把多余的线头剪掉，留下小结。

突然主刀的外科医生意识到发生了什么。手术室里平常的噪声突然都不见了，只有一片寂静。他先是小声地骂了一句，然后他说："护士，我得把瓣膜取出来再放进去。"每个人都知道这有多严重，因为患者在体外循环机上，更长的时间会带来危险。他剪开所有缝合线，取出瓣膜，又做了一遍整个过程。没有人说一句话。此后，我没有听任何人提起过这件事。就好像这件事从没有发生过一样。幸运的是，患者没事，但这是一个可能会导致灾难性后果的错误。

　　站在外科医生的角度，回想起那段经历，我可以表示理解。犯错的一个原因是压力大、风险高的工作会使人的注意力范围变得狭窄。专家很依赖专注于手头工作、排除干扰的能力。通过专注于手头的工作，他们全身心地投入其中。但是，这可能会让他们过度关注事情的某一部分，使他们意识不到事情的所有其他方面。我们很容易想象，如果你全神贯注于一项任务，比如放置心脏瓣膜，那你就可能忽视更宏观的问题，比如放置的方向是否正确。你可能会全神贯注于缝合脆弱的组织、调整缝合的松紧以保证密封性、快速高效地完成任务等多项挑战。在约翰内斯堡的塞斯纳小飞机上，以及在英国给羽管键琴定音时，我学到了这一惨痛的教训：如果你纠结于细节，就很容易忽视大局。

　　问题更大的是那个手术团队。至今我仍然不明白，为什么没有人指出错误。很多人肯定知道——第一助手肯定知道，洗手护士也知道，房间里的其他人很可能都知道。或许，这是因为大家不愿挑战权威、害怕因为说错话而遭人嘲笑，以及一种可能置人于死地的幸灾乐祸——在这种工作场所里，雄心勃勃的专业人士只顾互相竞争，而不肯为了患者的利益相互合作。就连我也隐约察觉出了问题，但不敢说出来。在当时，我是实践社群的边缘人，我不熟悉他们的做事方式，我任由自己成为这种共同沉默的同谋。

患者安全是一个世界范围内的大问题。内科和外科已经从航空领域学到了许多东西，尤其是在驾驶舱内的权威方面。这种共谋的沉默在等级森严的系统中是众所周知的。多年来，由于经历了一系列灾难性事故（往往是由沟通不畅造成的），航空公司让每个人都拥有了发言权，能够自由地指出显而易见的问题。航空公司目前的做法是，一旦发现问题，团队中的每一个成员都要直言不讳——他们也的确做到了这一点。在后来的许多年里，我经常想起那次心脏瓣膜置换手术的经历，因为越来越多的证据表明，医疗事故很少是一个人的过错。我一直在想我为什么没有说出来。

大量关于"错误"的文献表明，严重的错误很少是由个人的无能、疏忽或坏运气造成的；但一个接一个的案例也表明，个体会因为组织和系统内更广泛的问题而遭受指责。在医疗事故中，这种情况仍在不断发生。像儿科医生哈迪扎·巴瓦－加尔巴（Hadiza Bawa-Garba）这样著名的案例（一名儿童在其护理下死亡）暴露了医疗和其他行业处理伤害事故方面的隐忧。詹姆斯·里森（James Reason）、唐·贝里克（Don Berwick）、查尔斯·文森特（Charles Vincent）与阿图尔·加万德（Atul Gawande）等专家研究了人们做出的假设、采取的行动，以及在承认错误、从错误中学习时遇到的困难。他们的见解与航空、海上石油钻探、核能等高度注重行业安全的领域的研究一致。

詹姆斯·里森以他的"瑞士奶酪"错误模型而闻名。他指出，系统中的弱点就像多孔奶酪片上的孔一样。如果几片奶酪连在一起，它们的孔就会允许错误畅通无阻，造成灾难。这就是我驾驶 KSL 在约翰内斯堡机场意外降落时发生的事情：我沿着瑞士奶酪上的一排孔飞了过去。我缺乏经验，而控制塔团队也不专心，机场管制系统的警惕性也很低。幸运的是，没有别的飞机沿着奶酪上相同的孔朝我飞来。这只是侥幸。我希望控制塔团队能像我一样学到很多东西。

专家与错误

那么，错误与学习之间有什么关系？即使没有人员伤亡，错误也可能对你和你的工作产生毁灭性的影响。在犯错时，你很容易相信自己是个失败的人，允许错误击碎你的自我信念。你必须设法区分错误对工作造成的后果，以及它对你产生的影响。如何处理这一问题，将决定你是把错误看作使你成熟和进步的建设性过程，还是摧毁你信心的破坏性过程。无论是音乐家还是总经理，他们都会谈论准备、表现与恢复（抗逆力）：在出错后坚持下来，并从这种经历中取得积极结果的能力。然而，尽管错误能给我们经验教训，但在许多情况下，它依然是一个令人讨厌的词。

有时错误的发生是因为无知、疏忽或傲慢。如果是这样的话，你需要承认自己那些不够好的方面，以免重蹈覆辙（我再也没有把飞机降落在错误的机场了）。还有些时候，错误只是成为专家的痛苦部分。当然，错误的后果取决于你的专业领域。有一句老话说得很好，如果你在音乐会的舞台上弹错了音，没有人会死，但如果你在做手术或开飞机时犯了错，就可能要人命。

想想那些受错误影响的人，如观众、患者或乘客，这句话说得没错。但是对于那些犯错的人来说，错误的影响可能同样是毁灭性的。如果钢琴家在职业生涯早期弹错音符而导致怯场，这种错误就可能阻碍他们成为专家。只有从错误中吸取经验教训，培养抗逆力，你才能进入更高级的阶段。

回到在巴拉瓜纳医院给乔纳斯做手术的时候。我在等待心跳恢复平静。如果我剪断了那条滑腻的灰色组织——他的颈内静脉，那会发生什么？我必须把这个可怕的想法放在一边。我的动作太快了，我做了一些假设。我强压内心的恐慌，迫使自己放慢速度，有条不紊地检查我看到的每一个组织。渐渐地，从教科书与解剖室里得来的知识显得越来越有道理了，我开始看清乔纳斯受伤的脖子里的组织结构了，也看到了所有那些我花了很长时间才记下来的小东西。我认出了一些熟悉的组织，回到了正轨上。我知道手术可能很难，但没有超出我的能力范围。我可能要使出浑身解数，但只要我严格要求自己，保持专注，我就能做到。

最后我找到了出血的位置。我用血管钳控制住出血，用细线缝合伤口。当手术区不再被血液浸湿的时候，我取下血管钳，松了一口气。终于，我缝合了伤口，把乔纳斯送去康复病房。从那以后，每次我在病房里看见乔纳斯，都会想起我们俩死里逃生的经历。他的病情正在好转，我松了一口气，但我有一种不舒服的感觉：因为我缺乏经验，差一点就让糟糕的情况变得不可挽回。但是，这就是独当一面必然会遇到的事情。

我们每个人都会犯错。但是，我们因缺乏经验、马虎或疏忽而犯的错误，与那些因为尝试而失败的"可敬错误"是有区别的。如果你想进步，就必须冒险离开工坊或工作室里的安全地带，进入现实世界，这就必然会导致犯错。你在这时犯的错误会对你和其他人产生影响。成为专家的一部分，就是培养抗逆力，你要想办法既不为自己行为的影响开脱，又不让自己的信心受到无法挽回的打击。

你现在处在学徒受保护的环境与独立工作者（熟练工）的严苛环境之间的门槛上。我们已经看到，有些糟糕的事情可能会发生，也可能会有未遂事故与险情。在接下来的章节里，我们将探索你必须做出的内在转变。你要鞭策自己走上世界的舞台，发展个性。这种个性定义了你将要成为的专家。在那时，这一切就像变魔术一样。从某种意义上讲，的确如此。

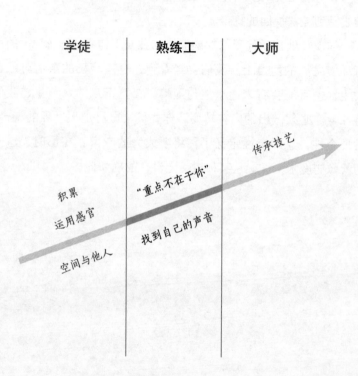

学徒　　　　熟练工　　　大师

传承技艺

积累

运用感官　　"重点不在于你"

　　　　　找到自己的声音

空间与他人

第 7 章

"重点不在于你"

1990 年，我在特罗布里奇的全科医生诊室里。萨拉预约了圣诞节后来就诊，我之前只见过她几次。我做全科医生的时间还不长，我很想闯出自己的名声。我为自己的医学知识感到自豪，很想炫耀一下。

萨拉告诉我，她经常感到情绪低落，尤其是在冬天夜晚降临的时候。这次她还抱怨有些消化不良。她觉得这是因为她和孩子、孙辈一起度过了一个热闹的家庭圣诞假期，他们搞得有些过于隆重了。她胃口不好，感觉不舒服，但说不清原因。几天前，她丈夫说他觉得萨拉的眼白有些发黄，但她认为这只是光线导致的错觉。

我看着萨拉，觉得她丈夫可能是对的。我开始有了一种不安的感觉。黄疸是一种令人担忧的迹象。又问了几个问题之后，我让她躺在检查椅上，对她做了身体检查。我一把手放在她的腹部（用专业术语讲，这是"触诊"），就知道出了问题。在她呼吸的时候，我能感觉到她肝脏的边缘：硬且形状又不规则。我所有的外科直觉都警醒了起来，我意识到她得了重病，很可能是癌症。

从临床的角度来讲，我很高兴能发现这个问题。做外科医生时，我治疗过很多有萨拉这样症状的患者，我知道该怎么做。她需要验血、X光和各项扫描，然后被紧急转诊给专科医生，然后她可能要动大手术——就是我以前会自己动手做的手术。

检查完萨拉之后，我们坐在办公桌旁。她问我觉得有什么问题。我差点就把上面那些步骤全都告诉她了，并且还要让她知道我是多么敏锐的诊断专家。

但我接下来想起这项工作的重点不在于我，而在于萨拉。这不是我在查房时炫耀自己的知识的时候。我正在和另一个人共处一室，并想办法告诉她，她可能病得很重。对于我走到今天这个地步所付出的努力、通过的考试，她都不感兴趣。此时此刻，那些都无关紧要。只有能为萨拉做出正确的事情，我的知识才有意义。重点不是我要告诉她的内容，而是告诉她的方式。

有个声音提醒我不要操之过急。我没有说我认为问题是什么，而是问她："你觉得哪里出了问题？"她看了我好一会儿。我们都没有说话。

关心的魔力

本章探讨了"从你到他们"的关键转变。我们会看到专家如何将他们的关注点从自身转移到他们服务的人群身上。这里的重点在于目的。你的目的是你当初努力成为专家的原因。

这种"从你到他们"的转变是一个内在的过程，而且经常被忽视。这种转变并不总是与其他方面同步发展，比如从学徒到熟练工，从被指导到独立工作的转变。这是一种很难发现的转变。对有些人来说，这种转变从一开始就发生了。对另一些人来说，似乎根本就不会发生。然而这种转变是成为专家的重中之重。

我们现在处在成为专家的第二阶段。现在，你开始把你在学徒阶段学到的知识应用于真实世界的问题上了。你不再是个受保护的实习生——你要为自己的工作对他人造成的影响负责。你已经花了多年时间积累经验，你已经擅长使用工具、处理工作对象，你对于进入他人的个人空间也游刃有余了。你已经独当一面了，你也有过几次"未遂事故"。你犯过错误，也从打击中恢复过来了。但是，所有这一切的重点都在于你，都在于你的发展、你的技能、你的错误。现在你必须把关注点转移到其他人身上了。

我开始将目光放在一种不同寻常的专业领域上——魔术。把严重的疾病和魔术表演放在一起可能会让人觉得不太合适，但我接下来会解释，这些看似毫不相关的专家成长之路之间有着很大的相似之处。它们都依赖于高水平的专业知识与技能，都依赖于关心他人的体验。

在一次宴会上，理查德·麦克杜格尔（Richard McDougall）来到你的桌子前。你正和几位朋友待在一起，没想到会有其他人加入。他问你想不想看魔术表演。你答应了。在接下来的几分钟里，你被他的非凡表演技巧给迷住了。硬币和扑克似乎拥有了自己的生命，无视自然的法则。物体会凭空出现，盘旋在半空中，然后又消失不见了。几分钟后，他对你们所有人笑了笑，说了声再见就离开了。他的表演看上去毫不费力，而不知何故，这种经历并不让人感觉奇怪或尴尬。理查德没有打扰你们吃饭，反而让晚餐变得更有趣了。他不是在炫耀，而是给你的餐桌上带来了新的东西。他成了你们中的一员，加入了你们的谈话。他到底做了什么？他是怎么做到的？从本质上讲，魔术是什么？当我问理查德这些问题时，他说："你必须意识到，魔术的重点不在于你（表演者），而在于他们（观众）。"

理查德的魔术与灵巧的手艺或技能无关，不过他的确非常灵巧、技艺娴熟。他的魔术与他给你带来的感受有关。在学习成为近景魔术师的时候，理查德花了多年时间练习魔术手法。魔术手法本身并不是魔术。魔术需要观众，而观众必须相信，在那一刻，不可能的事情真的发生了。对理查德来说，关键在于他意识到了，重要的是观众的体验，而不是他自己的体验。在表演时，他不只是关注自己做了什么，还要关注观众对于他的表演有何反应。他的各项观察能力高度协调。他能读懂并回应观众自己都没意识到的细微信号。

成为专家需要你把注意力集中在你工作的受众身上——从他们的角度思考，而不仅仅从自身的角度思考。伴随着这种转变，你会对自己的个性和专家身份越来越有信心。在发展自己独特性的同时，你必须让自己处于从属地位。这可能是个难题，这两种转变可能是背道而驰的。我们会在下一章探讨这种矛盾。现在，我们继续讨论"从你到他们"的转变。

在遇见理查德的时候，我已经成了一名学者。不过与他的谈话让我想起了我的外科医生生涯。在我专注于提高手术技能的时候，理查德也花了多年时间研究扑克与硬币。我们都深深地痴迷于各自的专业技艺。

我热爱手术。大多数外科医生都是如此。我陶醉于手术工作的物质特性，喜欢与活体组织工作的感觉。我在那种工作中找到了一种几乎能让人上瘾的满足感。切开、暴露、解剖、切除、重新缝合；开腹、移动结肠、找出输尿管、切除受伤的肠子、做一次完美的吻合术。仅仅是用简练优雅的手法缝合皮肤也能给我带来极大的满足感。我喜欢做一个与人体组织一同工作的工匠。很长一段时间以来，我关注的都是我自己、我正在培养的技能。但我是在有血有肉的人身上做手术。我必须牢记我为什么要做手术，为谁做手术。

在我的职业生涯中，我见过一些医生把他们对于医学干预的热情看得比患者的最大利益还重要。正如那种外科医生可能会说的那样，在"开刀"的冲动的驱使下，他们会轻率地动手术。有时他们会任由这种冲动影响自己的判断。这样的外科医生可能会做一些根本不需要做的，或者超出他们经验范围的手术。有时他们会陷入困境，造成不必要的伤害。对他们来说，手术比患者更重要。他们分不清轻重缓急，工作主次不分。

要想成为专家，就必须有更大的目标。成为专家需要多年的努力，而你需要一个很好的理由。当然，制作、创造和设计能带来个人的满足感。做好一件事是有回报的，但成为专家的意义远不止于此，而是要为他人做事。其中的关键因素是关心；你有责任去关心你工作所涉及的人或物。无论是黏土还是银器，无论是文艺复兴时期的雕像还是活人——无论你工作的对象是什么，你都必须尊重它、照顾它。

"从你到他们"不是一个线性的发展过程，它没有界限分明的转变。不会到了一个特定的时刻，你的注意力就会从自身的技能转移到他人的需求上。这是一种渐进的过程，其边界是模糊的。事实上，无论你是医生还是魔术师，你在感到完全自信之前就开始工作了。你站在受众面前——变魔术、演奏乐器或主刀做手术。你害怕自己会拿不稳扑克、忘记乐谱、损坏重要的组织，或者看起来像个傻瓜。这是一个磨炼技能的阶段。

但是，你怎样才能确保掌握技能的诱惑不会压倒你的判断、关心以及适可而止的智慧呢？你怎样才能确保你不会过度关注自己，忽视自己做这件事的初衷呢？在全科医生的诊室里，与黄疸患者萨拉待在一起时，这些问题一直在我的脑海中浮现。

所以我请她多讲一些她的情况。原来，她的生活中发生了很多事情。她儿子的婚姻出现了危机，而且他又开始酗酒了。她的一个孙子也在惹麻烦，她觉得这个孩子可能在学校被欺负了，但他不愿意说出来。她工作了几十年的工厂正在裁员，她的财务状况也不容乐观。她最不能承受的就是生病。

自己的健康状况似乎并不是萨拉最关心的问题。与我不同，她考虑的不是检查与手术。她考虑的是如何处理家里的所有事情，她来找我只是因为她的疲惫妨碍了她处理这些事情。我很确定她病得不轻，我越早建议她转诊去接受专科治疗，她的治疗效果就会越好，但这样做可能会使她最担心的问题恶化。

我需要让萨拉意识到她症状的严重性，并帮她在健康和生活中的其他事情之间找到平衡。然后我才能帮助她弄清该做什么。医生和其他专家一样,都要发现问题,并协助解决问题。要做一名好医生,不仅是在你认为患者有问题的时候,就把他送去做检查,事情并没有这么简单。

良好的判断

在学医很久之后,我才意识到有必要将关注点从自己转移到别人身上。多年以来,我的医学世界的中心一直是自己。在我早期的职业生涯中,别人总会根据我的知识水平来评价我。我一直在努力记忆事实性知识,学习如何给患者做检查,培养各项操作技能。我用我治疗患者的方式向我的同事和评价我的人证明我是懂行的。随着我的进步,我想要把花了那么长时间学来的知识和技能付诸实践。

我在非洲做创伤外科医生时,我的关注点是学习做手术。我把患者送进手术室时,他们的个性几乎完全消失了。他们来到医院时常常是不省人事的,所以在手术开始前我不了解他们。在手术台上,他们处于麻醉状态,我必须把注意力集中在他们的身体上。每次手术都是一次技能的挑战,而我在借此发展自己作为修复人体组织的工匠的技能。即使患者在手术后开始康复,我也没有时间去了解他们,因为我要处理更多的患者。

那时候,我考虑的是怎样才能让自己变得更熟练,能够被赋予更多的责任。我想做更有挑战性的手术,更复杂的手术。我专注于如何做手术,而不是为什么做手术。因为我的注意力集中在自己身上,所以我很少考虑临床判断。

　　良好的判断是复杂的，而且旁人很难发现。在我还是外科手术团队的浅资历成员时，做手术决定的人是我的上司。我的重点是做手术。我想"协助"手术，然后自己做手术——我观摩了上司的手术，然后他们逐渐开始让我做一些事情。从握住牵开器、在监督下完成部分手术，再到最后完成整台手术的过程中，我在学习如何做手术。与此同时，其他人已经决定了是否做手术、做什么手术。还有人在监督整体情况。如果出了问题，他们就会接手，为我救场。在那个阶段，我做手术的能力发展得比经验和判断能力更快。我只看到了事情的一部分——将患者看作人体，而不是一个人。

　　然而，判断是否做手术以及做什么手术，可能是最大的挑战。在我还是实习外科医生的时候，一位顾问医师告诉我："外科医生知道怎么做手术，好的外科医生知道何时做手术，而真正优秀的外科医生知道什么时候不做手术。"要做到最后这一点，需要判断力和克制。你关心患者的义务必须战胜你做医学干预的意愿。在巴拉瓜纳医院带领创伤手术团队时，我就必须独立做判断。

　　裁缝约书亚在他职业生涯的这个阶段也学到了类似的东西。约书亚花了四年时间学习如何做制作裁缝。然后，他开始学习做剪裁裁缝。在他开始第二次学徒生涯时，他必须学习一套新技能。做制作裁缝时，他的关注点是自己和他在努力掌握的技能。那时他正在努力制作袋盖和纽扣孔。他花了数年时间做这些事情——在当时看来，这些都是毫无价值、无聊重复的工作。在这段学徒生涯结束时，他已经掌握了这门手艺的技术，成了一名熟练的专业西装裁缝。就像我一样，他关注的也是自己的技能。

作为一名订购定制西装的顾客，你永远不会看到制作裁缝，他们也不会看到你，就像患者看不到手术室里的幕后工作一样。但是，剪裁裁缝在大部分时间里都和顾客在一起。无论自己的生活中发生了什么，在顾客试穿时，约书亚都会显得十分自在和从容。在他谈论西装的各种话题时，外面的世界似乎都消失了。然而，无论是在谈论板球还是布料图案，他都不是在说废话。这是他建立关系的方式。他清楚地告诉了每一位客人，他会全心全意地关注他们。在顾客第一次上门时，他可能会给顾客看一些样品宣传册，通过细微的线索观察这个人喜欢哪种布料，以及他们什么时候只是在客套。就像魔术师理查德对待观众一样，约书亚也会敏锐地观察他的客人。他一直在观察、思考、默记于心。他把这些细微的观察结果储存起来，以便日后使用。

每次试穿时，约书亚都会绕着顾客走几圈，偶尔会用粉笔在西装的坯样上做记号。有时他会当场把坯样拆掉（按照裁缝的说法，这叫"把西装撕开"）。他会剪断固定领子或袖子的线，把零件拆开，以便在下次试穿时进行调整并重新缝上。这种行为向客人强调：这套西装是约书亚为他们——为他们的身体、需求以及生活方式量身定做的。这件衣服反映了约书亚对这个问题的理解：这个人为什么要定做西装套装或西装上衣。

这与做医生如出一辙。首先你要倾听，然后再发言。在成为全科医生的时候，我就好比从制作裁缝转行做了剪裁裁缝一样。我辛苦获得的灵巧的操作技能不再是重点。定义我的不再是手术室，而是诊室。

肘部以上的学习

魔术师让我意识到了"从你到他们"的转变。那时，我自己已经做了这样的转变，不过我没有用这种方式思考过那些问题。然而，对于魔术师来说，这种转变是非常明显的。虽然魔术与医学所涉及的风险天差地别，但魔术师和医生都有自己的受众。如果没有受众，可能灵巧的手法与技能也会存在，但魔术和医学已不复存在了。要想成功，你就必须心怀受众。

第一次见到理查德时，我正在伦敦帝国理工学院开办外科教育硕士课程。理查德是英国顶尖的近景魔术师，获奖无数。他是英国魔术内圈（Inner Magic Circle）的金星成员，也是前世界近景魔术公开赛冠军。他曾为英国女王和威尔士亲王表演，并且在世界各地演出。他的表演简直不可思议。当然，他表演的戏法让人难以忘怀。就像所有他这个级别的魔术师一样，他是一个把不可能变为可能的大师。但是，更难能可贵的是他把握观众、阅读人心的能力。这是他几十年来不断完善的技能。

理查德告诉我，对魔术师来说，观众（无论是一个还是一千个）需要相信你在做不可能完成的事情。在早年间，理查德就开始学习如何吸引那些观看他表演的人，如何吸引并抓住他们的注意力。"魔术不仅是提供错误的信息，"他说，"魔术师最擅长的就是把不重要的事情变得极其重要——却把最关键的东西变得毫不起眼。"

理查德从六岁开始学习魔术。用他自己的话说，他在八岁时就"退休"了。几年后，他复出了，全心全意地投入魔术。他从操纵物体（比如硬币、扑克和杯子）的技巧开始学起。理查德称之为"肘部以下的学习"。

当时，理查德是从书本上学习的，但现在网上有许多视频，可以让你模仿专家。很多初学者都很擅长模仿专家。但是，无论你的双手多么灵巧，如果没有观众，把戏就只是把戏而已。如果没有人看，就没有魔术。魔术的体验是双方共同创造的。这种现象"来自肘部以上"，这才是理查德真正的高明之处。

在理查德表演的时候，他创造了一个与观众互动的空间。他用自己的个性与魅力将观众的注意力引导到他想要的地方。这样一来，他在观众的眼皮底下创造了一个盲点，而观众却没有意识到这个盲点。作为一个魔术师，你必须知道如何转移注意力的焦点，意识到观众在看什么，在表演戏法的时候利用这些感知盲点。

"这就像拳击一样，"理查德告诉我，"有些姿势暗示进攻，有些则暗示防守。拳击手会佯攻，就像要出拳似的。他会虚晃一枪，然后用另一只手出拳。魔术师也会这样做。你要在片刻间让观众产生这样的想法——'有些事情就要发生了，我可得好好看看'。但也许什么都没发生，所以他们放松警惕了。当他们放松警惕的时候，你就可以趁机做些事情了。然后你要再次引起他们的注意。魔术师学会了制造注意力的波动，使他们的技巧不被察觉。这不仅仅需要灵巧的双手，还有很多事情要做。"

那么，理查德是如何成为如此专业的表演者的呢？他是从积累开始做起的。几十年前，他曾在伦敦第一家"魔术餐厅"积累经验。他每周在餐桌前表演五天，周六则会一连表演 13 个小时。那时，他的双手已经很灵巧了，已经掌握了那些"把戏"。他已经成了"肘部以下"的专家。但是，这些事情已经变得重复、乏味了，他只是在日复一日地做同样的事情。

他本可以依靠已经掌握的娴熟技能，随心所欲地表演。但是，他在"肘部以上"的技能也开始变得同样专业了——他成了一名专业的表演者。他开始挑战自己，比如用肢体语言让趾高气扬的年轻高管安稳地坐着、放松，或者让位高权重的 CEO 身体前倾、聚精会神。他本可以把时间花在学习更花哨的把戏上——一些大胆巧妙的花招，考验自己能力的极限。然而，那个自大的高管或有权势的 CEO 是否会意识到某种把戏的难度更高？毕竟，如果你做得很好，观众根本就不会意识到这有任何困难。所以，理查德并没有随便将某个技术上的目标作为奋斗方向，而是将那些在餐厅工作的岁月作为实验室，用来学习如何控制观众。

理查德也谈到了沉默的重要性。"很多魔术师认为，如果观众不鼓掌、不笑，那就说明他们不喜欢这场表演，"他说，"但事实并不一定如此。这是一个残酷的教训。沉默确实会让人感到尴尬，但实际上观众在思考，他们在评估、理解。只要用温暖的态度与敏锐的觉察去对待沉默，沉默就非常有用。"他说，每种把戏都需要时间才能被观众理解。许多魔术师都会急匆匆地去施展下一个把戏，但这是错的。

作为医生，从容应对沉默也同样重要——也同样难以做到。这就是我和萨拉在诊室里要做的事情。当时我正在等她思考我们的谈话。沉默不只是没有说话，而是为另一种不同的交流提供了空间。全科医生兼心理治疗师约翰·劳纳（John Launer）曾对我说："两次沉默也可以是一次对话。"但是，我们总是倾向于打破沉默、开口讲话，而不是倾听。我们会回避沉默，匆忙地把这种交流的空间填满。

如果我们倾听而不说话，我们的注意力就会放在该在的地方——我们工作的初衷。因此，倾听是专家的标志。我们不能总像广播一样聒噪。当我们为别人做事时，我们需要安静、专注。工作中的沟通、表演者和观众之间的交流，都要传达、接收信息，以及沉默。

理查德的魔术老师给他的最好的建议是，去看看其他魔术师的表演——不是看表演者，而是看观众。理查德站在人群的后面，学会了分辨观众全情投入表演的微小信号。他注意到，如果一个人没有全神贯注，眼睛就会有明显的闪烁。他学会了解读观众的集体反应。然后他把学到的这一点运用在自己的表演中。他变得像一个驱赶羊群的牧羊人，引导羊群走向羊圈，并且分辨观众何时在像羊群一样统一行动。他逐渐明白了如何向着自己想要的方向引导观众的心理和身体。

魔术师有一句关于观众的格言："如果你想要他们看某样东西，你就要看它；如果你想要他们看你，你就要看他们。"这句话屡试不爽。如果你看向某人，他们就会情不自禁地看你，这是我们人类的本能。事实证明，这个看起来很简单的道理有着非常强大的力量。如果你能影响和引导别人的注意力，你就能将这种技能运用到各种场合——从社交聚会到专业表演。

这句格言能产生一个推论：如果你不想让他们看某样东西，那你就不要看它。任何咨询过医生、金融顾问或参加过面试的人都知道，当对方的眼睛盯着电脑屏幕而不与你交流时是什么感觉。你会被他们所看的东西吸引，不论你是否能看到。你和他们之间无形的联结被打破了。

将注意力放在其他事物而不是你面前的人上，就会发出一个强有力的信号：你对这个人不感兴趣。然而，作为专业人士，你很容易把注意力集中在工作的要求上，比如将数据输入计算机系统，或在网上查找资料，而不考虑你身边的人的感受。

随着你成为专家，专业技能的各种组成部分必须成为本能。回顾我们在第3章讨论过的各个理论，你应该还记得我们会从认知阶段进入联想阶段，再进入成为专家的自动化阶段，最后我们会获得足够的经验，让"做事"的过程自动运行。皇家音乐学院有句俗话说，如果你作为学生登台演出，那你一定曾经勤学苦练，你最好的表现是足够好的；但是如果你作为专业人士登台演出，你最差的表现都必须是足够好的。这意味着你要远远超过你认为能够完美弹奏表演曲目的水平。无论发生什么事，即使你感到害怕、没有安全感，或者担心事情出差错，你都必须能够依靠自己的技能。

教科书将这种现象称为"过度学习"。你必须在任何情况下都表现出色，尤其是在面临额外的挑战时。你不仅要在材料优良、工具称手的情况下胜任雕刻、切割、缝纫的工作，而且要在石头、木料有瑕疵，工具不够锋利或遗失的情况下完成同样的任务。你必须在身体状况不佳时表现良好，在疲惫、不适、紧张或焦虑时发挥稳定。你必须知道处于舒适区的边缘或离开舒适区的感觉——也就是你、工作对象以及工作情况能够容忍多大程度的考验而不崩溃。无论你有什么感受，你都必须让观众满意。

难忘的表演

你还必须塑造人们对于某次经历的记忆，无论这次经历是魔术表演还是看医生。另一位与我一起工作过的魔术师威尔·胡斯顿（Will Houstoun）说过，每个魔术把戏会上演三次。第一次是魔术师的表演。第二次是观众事后回想，在脑子里回忆并试图弄清发生了什么。第三次是在他们告诉别人的时候。每一次，这场表演都会有细微的变化。专业的魔术师擅长塑造事物，让观众记住表演者想要他们记住的东西，而不是实际发生的事情。

不只有魔术师会这样做。专家会创造一些条件，制造选择性的记忆，让他人的注意力从其他方面转移开来，集中在某些方面。虽然人们看医生不是为了娱乐，但他们在离开时仍然应该有一个正面的印象——尽管研究表明，患者几乎不记得医生实际上说了什么。他们记得的是看医生给他们带来的感受。当患者离开时，他们需要有这种感觉：医生对他们有所帮助，医生关注他们的感受，关心他们。他们需要感觉到，求医经历的重点不在于医生，而在于自己。

当然，这个道理不仅适用于医生和魔术师，还适用于每一种包含"表现"成分的专业实践领域。这种感觉就像房子建成很长时间之后，我们再次回想起建筑工在房子中工作时给我们带来的感受一样。这也是为什么人们会再次找发型师法布里斯——不仅是因为他们喜欢法布里斯给他们设计的发型，更是因为他们记得他们喜欢让他剪头发的经历。

学会倾听

回到在诊室里面对萨拉的时刻。我必须决定下一步该做什么。我知道她在医学方面的需要——验血、CT 扫描，并紧急转诊给专科医生。但是，这一切对她来说很难接受。我不想误导她。我不能告诉她一切都会好起来的，因为我很确定事实并非如此。我必须诚实。如果我是对的，她得了癌症，那么在接下来的几个月里，我们会经常见面。我们需要互相信任。我的责任是关照并塑造她生病的经历，还应确保这段经历尽可能地好。要做到这一点，我必须按照她的步调行事，而不能强迫她与我步调一致。我需要给她时间和空间，保持安静、倾听。那么，我接下来该怎么做呢？

一开始我什么也没说，只是静静地坐着等待。然后她说："我一直在想，这次会不会是更严重的问题。会不会……？"

过了一会儿，我说："也许我们的想法是一样的。我可能错了，我希望我错了，但你告诉我的事情让我很担心，我们需要进一步地了解。我想安排一些检查，然后和医院的专科医生约个时间。你看怎么样？"

萨拉不情愿地叹了口气。"好吧，医生，"她说，"就这么办吧。"我们都知道这只是个开始，但至少我没有用萨拉没准备好接受的话来压垮她。

在我们交流的时候，萨拉告诉我，她觉得自己可能出了严重的问题，她有这个想法已经好一阵子了。她不想承认，因为生活中发生了很多其他的事情。她没有时间生病。她觉得自己无法面对严重的诊断可能带来的后果，因为有太多人依赖她了。

在就诊结束时,她让我安排了一些检查,并将她转诊给了一位专科医生。

事实证明她确实患有癌症,正如我们俩都怀疑的那样。从那时起,萨拉的治疗似乎就已经规划好了——手术、术后康复、恢复。但是萨拉患上了胰腺癌,这就是她出现黄疸、眼白变黄的原因。胰腺恶性肿瘤是一种特别可怕的癌症,当她确诊时,我的心都沉了下去。

在接下来的几周、几个月内,萨拉和我的确经常见面。萨拉最害怕的不是痛苦,甚至不是死亡,而是被送进医院,孤身一人。她担心自己死后家人会怎么样。于是我们花了大部分时间讨论这些问题。她最需要的不是我的医学知识,而是说话的时间。

后来,我意识到我在帮助萨拉度过一段经历,而不是在治疗一种疾病。我能给她的最好关照,不是告诉她缓解癌症的药物背后的科学原理,也不是谈论她要接受的手术,或者测试结果与数据的技术细节。所有这些都有其作用,我需要理解这些,才能引导她做出决定。但是,我真正的任务是把注意力从这些技术问题上释放出来,用心倾听。我能提供的最好治疗,就是把注意力转移到她身上。

我们回顾一下我阐述的各项原则。首先,你会对工作的物质层面充满信心——剪刘海、变戏法、制作西装上衣或做诊断。你要练习,练习,再练习,直到这件事成为你的第二天性。随着时间的推移,你会变得非常熟练,即使工作对象难以驾驭,即使你感觉状态不佳,即使你在有挑战性的条件下工作,你也能做好这件事。

　　然后你要把注意力向外转移，专注于你工作的受众。你要对他们的反应培养出一种觉察能力，利用你通过大量练习所释放出来的注意力，去注意和解读对方的非言语线索。最后，你要思考，在他们离开时，你希望给他们留下什么样的印象。你的目标是让这次相遇以圆满的方式结束，让你为自己取得的成绩自豪，并让对方为这段经历感到高兴。

　　本章探讨了从获得个人知识与技能到使用这种技能为他人造福的转变。成为专家最初的"自私"阶段，必须让位于"分享"。但是，在你的技能成为第二天性之前，你是无法超越技能层面、专注于整体表现的。如果你不能每次都成功让硬币消失，你就不能吸引观众。如果你不确定该如何做手术，你就不能决定何时做手术。如果你不能自如地在乐团中演奏快速乐段，你就无法倾听周围演奏者的演奏，也无法顾及听众的感受。如果你在试图回忆导致呼吸困难的 17 种原因，你就听不清患者告诉你的事——更重要的是，你听不到他们没有告诉你的事。你可能会错过那些表示真实情况的微小信号。

　　虽然你很容易忽视"从你到他们"的转变，但这是你开始形成自己独特风格的关键步骤。不过，把专注点从自己转移到他人身上，并不意味着你自己个性的消失。事实恰恰相反。正是你的个性能让你成为未来独一无二的专家。这是我们下一章要讨论的内容。

第**8**章

Chapter 8

找到自己的声音

　　诊室的门开了，哈里走了进来。这天早上，我在威尔特郡的诊室里忙着。有一大堆患者在等我，我感到压力很大。我见过哈里几次，但不太了解他。他70岁出头，手指上有尼古丁的黄渍，还有些气喘。哈里一坐下，我就问他有什么问题。他告诉我，他已经咳嗽几个星期了，他似乎在担心问题可能没有那么简单。他脸色不太好，我感到有些不安。我拿出他的文件，翻看他的病历。我正准备问他一些问题，这次问诊的录像就停住了。指导老师暂停了播放。

　　当时我要在一所成人教育的寄宿制大学里进修一周。我正在上全科医生师资课。如果我成功通过课程，我们的诊所就能招募实习医生了——也就是决定做全科医学工作的医生。他们要在医院里做几年的实习医生，通常每六个月就要轮换科室，就像我当年一样。他们可能在儿科、普通内科或精神科工作过。然后他们会花一年的时间实践，在全科医生培训师的督导下，一边工作一边学习。在这个过程中，他们会学习全科与医院工作的不同之处，他们会花大量时间学习和练习问诊技巧。他们每周都会有一个下午的时间与培训师讨论案例、磨炼技能。刚开始的时候，他们就像当年的我一样，可能会感到目标不明、迷失方向，面对患者各种鸡毛蒜皮的症状不知所措，生怕忽视一个患有重病的患者。他们需要一段时间才能理解全科医学到底是怎么回事。所以他们才需要我这种培训师。

督导实习医生，就像治疗患者一样，需要许多技能。首先要对自己作为医生的工作有很深的了解。这就是我们在师资课程上学的东西，也是为什么我们在帮助实习医生之前要先分析自己的问诊方式。在那一周的大部分时间里，我都和我们的指导老师克莱夫以及其他五名学习成为培训师的医生待在一个房间里。克莱夫已经做了几十年的全科医生，有多年辅导培训师的经验。他话不多，但他的沉默比语言更有说服力。

我们正在看过去几周录制的录像。克莱夫让我们带来一些平常问诊的案例，而不是我们特别满意的案例。不过，我们肯定都选择让自己感到自豪的案例。没有带来什么糟糕的案例，我们每个人都试图上交一些让我们脸上有光的案例，以表明我们当时有多聪明。和我一样，其他全科医生也认为我们会分析这些问诊案例，指出那些绝妙的诊断、渊博的医学知识以及高明的技术能力。但我们没有这样做。相反，克莱夫让我们审视我们是如何问诊的。

此时我在全科医学领域已经工作好几年了，我对问诊也变得相当自如了。但一直以来，工作中就只有我和我的患者。没有其他人旁观，更不用说被一群同行旁观了。

现在轮到我站在聚光灯下了，我感到害怕。我觉得我的名誉岌岌可危。我在等待克莱夫对哈里咳嗽的可能原因发表评论。然而，他若有所思地看着我说："我在想你会让哈里有什么感觉……"然后他静静地坐着，等我回答。

找到你的声音

当克莱夫问我让哈里有什么感觉时，他指的并不是哈里咳嗽的原因。他指的是哈里和我一起在诊室里的感受。从这个角度来看，临床问诊是专业表演者（在这个例子里，也就是我）与观众（哈里）之间的一次相遇。观众对于表演的体验是由表演者的"声音"塑造的。这就是为什么每个医生的风格都是独一无二的。在上一章里，我们讨论了如何把自己放在一边，把注意力放在患者、客户或你的任何工作受众身上。现在我们要讨论如何让自己回来——如何找到自己的声音。

爵士音乐家、美国宾夕法尼亚州立医学院的家庭医生保罗·海德特（Paul Haidet）对这个问题进行了详细的研究。他曾写过，专家有能力"放下"自己正式学过的东西，但依然能在对周围发生的事情做出反应时利用这些东西。他也看到了医学与音乐之间的相似之处。作为一名爵士音乐家，你要花多年的时间演奏乐器、练习音阶、学习曲目、掌握乐理、锻炼技能。但是，正如海德特所说，那些被人记住的人，都是"借用自身个性、情感和经历表达前人的理论、技术和思想"的人。这就是爵士音乐家所说的"找到自己的声音"。这也是为什么你能通过最初的几个音符辨认出迈尔斯·戴维斯（Miles Davis）、查特·贝克（Chet Baker）或弗雷迪·哈伯德（Freddie Hubbard），如果你熟悉这类音乐的话。

国王歌手合唱团的前任假声男高音杰里米·杰克曼（Jeremy Jackman）是这样解释"声音"的："当你还是小孩子的时候，你妈妈会给你读睡前故事，而你会习惯她读故事的方式。你的埃塞尔姨妈来做客的时候，她也给你读了那个故事。文字是一样的，但故事听起来不同。她的声音是独一无二的——不仅是指字面意义上的声音，还包括她对文字与含义的理解。音乐也是如此。"

所有领域里都有类似的事情。我妻子制作帽子，在一屋子别人的帽子里，我能认出哪一顶是她做的。同样地，如果你给我一页约翰·勒卡雷（John le Carré）的作品（他是我最喜欢的作家之一），我就能认出是他写的，而不是约翰·D. 麦克唐纳（John D. MacDonald）的作品——我也很喜欢后者的犯罪小说。无论你的工作是什么，你在工作中的"声音"是让你不同于同事的原因。

"声音"决定了你如何实现上一章所说的"重点不在于你"。如果你的"观众"很少，这一点对于你的"表演"来说就尤其重要。在医疗工作中，"观众"通常只有一个人。即使是家庭问诊，也很少会超过三四个人。

"声音"是你区分不同医生的关键。我必须学会如何识别并注意到我作为医生的声音，以及如何将其用于为患者服务。在本章中，我们要探讨作为"近距离现场表演者"的专家为少量观众"表演"时会发生的事情。我们会探讨如何"表演"，如何在成为专家的道路上找到自己的"声音"。

作为有志成为全科医生培训师的医生，我们已经不再讨论医学知识了。任何一个成为全科医生的人，都已经在成为专家的初始阶段花了多年的时间。他们都有深厚的积累，都学会了触摸、感觉与观察。他们犯过错，也纠正过很多错误。他们都曾努力把所有知识和技能放在一旁，都做出我们在第 7 章探讨的"重点不在于你"的转变。但是，他们可能还没有思考过"声音"。然而"声音"对于"表演"来说至关重要。"声音"传达了你的独特性、你的风格。当我们内化和转化我们所学的东西，利用这些东西成为我们自己的时候，我们就会找到我们的"声音"——无论你是管道工、会计还是其他领域的工作者。

世上没有完美的西装

裁缝约书亚也有自己的"声音"。他喜欢与各式各样的顾客打交道，而不仅仅是那些直截了当的人。对约书亚来说，这是一个值得享受的挑战。与那一辈的许多裁缝不同，他在学习的时候就故意寻找困难的、不同寻常的客人。有时这种挑战是身体上的——有些客人的身体不对称、脊柱或四肢畸形。还有些时候，这些挑战是个性上的——有些客人咄咄逼人、要求苛刻、过分关注细节或者难以满足。他接待这些顾客时，其他裁缝都很高兴，因为这让他们的工作更轻松了。

约书亚第二次做学徒时，他的老师是亚瑟，一名剪裁裁缝大师。亚瑟教会了他从零开始设计西装的原则。这让约书亚能够为每位客人创造一些独特的东西，适合那个人的个性、满足其需求的东西。亚瑟退休后，约书亚离开了他的裁缝店，与妻子合伙开了自己的店。从那时起，他就找到了自己作为独立匠人的"声音"。不再受老板和同事的限制，不再受"我们在这儿这么做事"的限制，他终于能够自由地把他学到的技能融会贯通，确立自己的身份认同了。

在刚开始学习裁缝的时候，约书亚意识到，任何问题都有许多可能的解决方案。"没有完美的西装，"他向我解释道，"你一直在寻找平衡，在西装挂在衣架上的样子和穿在一个人身上的感觉之间做出妥协。衣服是一种诠释。你必须意识到他人的本能反应，并做出回应——无论他们意识到那些反应与否。否则他们就不会对你创造的东西真正地感到满意。"

让约书亚感到满足的部分原因是他设计的服装，他工作的最终产品。但最让他兴奋的是，他有机会与他人一起工作，发现他们想要什么。这比听起来要难得多。

随着你自由地寻找自己的"声音"，责任也随之而来。你不再是他人工坊里的无名小卒，而是开始发展自己个性的专家，你要为自己所做的事情承担责任。一旦约书亚创办了自己的裁缝店，能够成为他想成为的裁缝，他就必须做好自己的工作。他必须承担他的决定所带来的后果。在积累的那些年里，他学会了看和做，吸收并内化了他师父的风格。他当时的工作明显带有他所在的裁缝店的风格，他所在的组织给予了他保障。现在，他创造了自己的风格，通过亲手制作西装套装或上衣来为每位客人的体验负责。他在寻找自己的"声音"。

在我开始考虑自己作为全科医生的"声音"时，我已经是一个经验丰富的医生了。从我开始学医起已经过去了20多年，那时我花了大量时间待在充斥着甲醛气味的解剖室里，以及在医院病房里采血。我很容易忘记在刚开始工作时，在学习观察、触摸时，以及在本书中描述过的其他阶段里的困难。但是，在医学之外，我依然会经历那些初始的阶段。在我开始弹奏羽管键琴的时候，那种感觉又像洪水一样涌了回来。

音乐与他人

虽然我已经完成了羽管键琴的组装，但我几乎不知道该怎么弹。我先是自己练习，试图掌握其中的窍门。我小时候学过钢琴，在做实习医生的时候学过管风琴，但从来没有与他人合奏过。虽然羽管键琴有大量独奏曲目，但大部分曲目都是合奏的。虽然我对合奏感到紧张，但独自一人弹奏这件乐器似乎是一种遗憾。于是我深吸一口气，然后报名参加了一门巴洛克室内乐的寄宿制课程。我设法把羽管键琴塞进车里，然后就出发了。

这门课上大约有 30 个人，都是业余学员。有些人（比如我）才刚刚开始学。有些人更有经验，还有几个人的技术已经很高超了。有三位老师帮助我们学习这些东西。在第一节课上，我和一个大提琴手、小提琴手和竖笛手在一个组里。我们组的老师给了我们一堆我从未听说过的作曲家的乐谱，让我们开始练习。奏鸣曲、组曲、舞曲——都是当时的流行音乐。我们没有练习，只是照着曲谱演奏一遍，然后演奏下一曲。很多曲子的旋律都是重复的，相当无聊，但我们还是演奏了。

作为羽管键琴手，我负责键盘低声部。这个声部在大部分时间里都是背景，就像爵士乐队里的节奏声部。大提琴负责演奏作曲家写的低音乐句，而羽管键琴负责填充和声。巴洛克时代的键盘低声部演奏者通常是专家，但我从来没有和别人一起演奏过，更没有试过视奏不熟悉的曲子。

演奏键盘低声部有很多自由，你不必完全按照乐谱演奏；但也有很多责任，因为你必须用和弦填充低音乐句，支持乐队里的其他人，而不是与之竞争。你要按照"数字低音"来演奏——这是一种数字符号，告诉你作曲家想要的和声。这就好像要一边大声朗读，一边做填字游戏，一边做蛋奶酥一样。我不知道该怎么做到。我很害怕看错乐谱或弹错音符。

我学到的第一件事是，没有人真正关心我弹的是什么。他们都把注意力集中在了自己演奏的部分上，只有在我碍事或犯错时，他们才会注意到我。我就像壁炉上方的时钟，只有在停住的时候你才会注意到它。我不再把注意力放在自己身上，让自己变成了一个在背景里发出轻微拨弦声的人。正如其中一位老师所说："继续弹，罗杰。即使你弹的每个音符都是错的，也要继续弹下去。只要你们一起开始，一起结束，中间发生的事情就不那么重要了。"

在乐队里演奏让我学会了倾听（真正的倾听）身边的演奏者。我不再专注于自己的双手，也不再关注我演奏羽管键琴的技巧（我也没什么技巧），我必须思考如何做出贡献。起初，我害怕我会跟不上大家，让自己出尽洋相。然后，我意识到，坐在我旁边的是一位出色的大提琴手，而我们演奏的是相同的低音乐句。如果我感到手忙脚乱，我知道她会继续拉下去，允许我跳过几个小节，通过听她的演奏回到正轨。我要做的就是找到自己的位置，弹奏乐谱上的低音乐句，确保自己与其他演奏者节奏一致。然后我就可以开始思考如何填充和声了。要做到这一点，我必须扩大我的注意力范围，注意整个乐队，用心倾听。

　　起初，我很高兴能融入团队而不被注意。但随着时间的推移，令人惊讶的事情发生了。我意识到我不是一个无足轻重的部分，而是做出了重要的贡献。我意识到，我演奏的方式与我演奏的内容一样重要。我发现我正在形成一种风格，一种属于我的鲜明演奏特点。这不仅仅在于我能否弹出正确的音符，更在于我如何成为乐队的一分子。我懂得了"少即是多"，懂得了大家珍视我的低调，不画蛇添足，不炫耀自己。我演奏的方式很独特。这就是我的"声音"。

　　我连续几年都在参加这种工作坊。有一年，工作坊里有我们三个羽管键琴手。当我们决定谁和谁一组时，有一个上次和我一同上课的大提琴手告诉我，她想让我和她一组。"你是个会倾听的人。"她说。我感到非常自豪。我找到了自己演奏键盘低声部的方式，我开始拥有了自己的风格。当然，我不是专家——远远不是。弹奏羽管键琴是我的爱好，而不是职业。但我做出了一种非常让人满意的转变，让漫长的练习都变得值得了。我能用自己的方式弹琴，参与演奏我一直都喜欢听的音乐。我作为羽管键琴手的身份提升到了更高的层次。

问题之大

　　"声音"不仅在于你说话的内容与方式。"声音"涉及所有的感官，包括如何与人打交道，如何与他们建立关系，如何触摸他们，以及在他们触摸你时如何回应。"声音"决定了你如何处理你与他人之间的空间。"声音"还能通过你布置工作的物理环境的方式得以表达出来。我和我的全科医生合伙人在设计诊室上花费了许多心思。我们希望患者感觉舒适，愿意说话，但我们也要能够进行临床检查。每位全科医生都会做不同的取舍，而他们的选择反映了他们的个性。

在那堂全科医生师资课上，克莱夫、其他医生和我盯着屏幕上暂停的录像，看着我的诊室，思考它如何反映了我的工作方式。然后，我们继续播放我那次关于哈里的咳嗽的问诊。我们又看了 30 秒。屏幕里的我开始用听诊器去听哈里的胸口。克莱夫突然再次暂停了录像，问道："你为什么要这样做？"

我有些不知所措。这不是明摆着的吗？使用听诊器是做诊断的一部分。医生不就是干这个的吗？"视诊、触诊、叩诊、听诊"这一口诀在我上医学院时就已经深深地扎根于我的脑海了，我从没想过要质疑它。但是克莱夫想知道，在拿起听诊器时，我在想什么——我打算接下来做什么。

有一位全科医生说："我用听诊器是为了争取时间，思考我接下来要说什么。"另一位医生说："我用听诊器是为了让患者相信我知道我在做什么，我有足够的知识和技能，这样在我给他们诊断时，他们就会相信我。"我以前从没这样想过，但听起来很有道理。有时听诊器只是听诊器，但它所代表的意义常常不止如此。听诊器是我们职业的象征，大家希望你用它。

克莱夫指出，我们都会用不同的方式来处理这次问诊，尽管我们的方式不同，但我们的方法可能同样有效。在医学院，我学到的是，每个患者都有一个诊断，而我们的任务就是找到这个诊断。但是对克莱夫来说，事情并没有那么简单。他让我关注我做医生的独特工作方式，关注我的表现和"声音"。

找到自己的"声音"，是熟练工阶段的一部分。在这个阶段，你不仅能做到一些专家做的事情，并且开始成为专家了；你还要形成与人打交道、处理意外情况的独特方式。但是，这既需要谦虚，又需要自信，这是一种难以达到的平衡。

在你寻找自己的"声音"时，你并没有放弃学到的东西，而是在重塑这些东西。从我参加的音乐小组课程中可以看出，你不需要等上很多年才会经历这个阶段。我们探讨的这些步骤不是按照严格顺序发生的，它们之间通常会有重叠。例如，如果你已经在一个领域里成为专家，这就有助于你进入另一个领域。约书亚在第二次学徒生涯中就发现了这一点。无论如何，你始终在走向独立，逐渐适应自己独有的做事方式。你在创造一种身份认同。

在你寻找自己的"声音"时，你会意识到，专业技能是必要但不足够的。重要的是你如何运用这些技能。你必须博学、能干，但只在适当的时候运用与状况相关的知识。你必须避免炫耀。表演者们在几个世纪前就明白了这一点。再看一个巴洛克音乐的例子，C. P. E. 巴赫（C. P. E. Bach，约翰·塞巴斯蒂安·巴赫的众多儿子之一）于 1753 年出版了《论键盘乐器演奏的真正艺术》（*An Essay on the True Art of Playing Keyboard Instruments*）一书。他在讨论技巧与诠释时说："仅仅长于技巧的键盘乐器演奏家有一个明显的劣势……他们让我们的听觉不堪重负，却不能为之带来满足，让我们的心灵惊异不已，却不能为之带来感动……然而，一介技工所获得的荣誉，绝对无法和那些不满足于迷惑人眼，而是用柔和平缓的乐音打动人耳乃至人心的人相提并论。"用柔和平缓的乐音打动人耳，正是专家的长处。

在两百多年后的 1966 年，传奇爵士钢琴家比尔·埃文斯（Bill Evans）录下了与哥哥哈里·埃文斯（Harry Evans）的一段对话。在这段对话中，他们谈到了比尔的演奏方法。他早在十年前就发明了这种方法。1954 年，他把自己关在车库里，花了一年多的时间去磨炼自己的技术。尽管他已经是职业钢琴家了，但他还是回到了基本功的训练中。在那段对话中，比尔说：

> 学习演奏爵士乐的整个过程，就是一个接一个地深入问题内部，让自己保持在非常强烈、非常专注的水平上，直到这个学习过程变成次要的，深入潜意识……大多数人都没有意识到整体问题之大，要么是因为他们无法立即完成这件事，认为自己没有这种能力；要么是因为他们操之过急，从没有把这件事情研究透彻……他们只愿意做到差不多的程度，不愿意把整件事分成许多较小的部分，真诚、认真地对待这一小部分。用"差不多"的态度对待整件事情，会让你觉得自己或多或少了解了这件事，但这样只会让自己陷入困惑，最终你会不知何去何从，永远找不到出路……如果你试图用"差不多"的态度对待很高深的问题，却不清楚自己在做什么，那你就不能进步。

埃文斯指出了一个重要的问题。在我们发展自己的个性时，我们会观察和模仿自己欣赏的专家。但是，没有他们的经历，却试图模仿他们的风格是没有意义的。只有在最初阶段里艰苦奋斗、严格要求自己，你才能找到自己的"声音"，没有捷径可走。你可以模仿专家，但你还做不到他们真正能做的事情。就像在车库里的比尔·埃文斯一样，你必须找到自己的出路。

在我还是个年轻医生的时候，那些资深的顾问医师会在查房时静静地倾听，然后提出一个完全不同的诊断。只有多年的经验才能让他们做到这一点。那些似乎"知道"该问什么问题的全科医生，也经历了类似的过程。在实习的时候，我可以尽情模仿那些医生的行为，但我的任何断言都缺乏根基。你的"声音"必须反映出一种专家的内在状态，否则你只能在以前遇到过的情况下使用你的"声音"。随着事情的发展，你可能就会力不从心。要成为专家，你的"声音"必须保持鲜明的个人特色，即使在你从未遇到过的情况下也是如此。

这种能力源于我们在第 1~5 章所概述的那些步骤。你必须花费数月乃至数年的时间锻炼专业技能，让这些技能烂熟于胸，成为你的第二天性。你必须有把握按照一致的标准工作，并且知道自己已经掌握了核心技能。你必须有把握在任何情况下都能表现良好——即使在感到疲惫、心情不好，或者在有挑战性的情况下处理难以驾驭的工作对象时也是如此。

"声音"与你的身份认同和信心息息相关，与你心目中自己的本质与身份息息相关。直到取得医师资格很久之后，我才觉得自己真正成了一名医生。在那以前，我知道很多医生知道的事情，也能做很多医生能做的事情，但我自己并没有成为医生。渐渐地，我适应了自己的新身份——至少在一段时间内如此。

　　然后我开始学习外科，相同的事情又发生了。多年以来，我一直说"我在接受外科的训练"，即使在我带领外科团队做大型、困难的手术时也是这样。我还没有习惯于做外科医生。这一切渐渐改变了。在我十年后成为顾问医师时，如果有人问我是做什么的，我就会说："我是外科医生。"在我成为全科医生时，这个过程又重复了一遍。在我成为学者的时候也是如此。找到"声音"并不像听起来那么简单。

　　为了有效地指导工作，"声音"必须是真实的。你要借鉴自身已有的方面，而不是创造一个新的身份。你要适应并应对每一种情况，以及身边的其他人。例如，就像我演奏羽管键琴的风格一样，我想成为一个愿意倾听、及时回应每位患者的医生。首先我会和患者搭上话，然后开始引导对话。我可能会加快谈话的节奏，也可能放慢速度。我会在主导问诊的同时，让患者自由地表达他们的想法。我会尽量顾全大局，平衡面前这位患者的需求与在外面等候的患者的需求。

"声音"的隐秘陷阱

　　在成为专家的这一阶段，你会学习如何用创造性的方式把握这两个方面：基础知识与当下的表现。在早期阶段，你的重点是知识、技能以及加入实践社群。随着你独当一面，为自己的行为承担更多的责任时，你的风格和个性开始变得更加突出。正如我们所见，这时你的"声音"就会显现出来。但是，如果你的"声音"变得太过特殊，而你却不顾及他人的感受，你就会陷入困境。

一位更年期的患者告诉我，她曾经向一位女医生咨询过她的症状。"打个比方，"医生对她说，"你的身体在发生变化。你过去像个梅子。现在你变成了梅子干。"我知道那位医生的意思，但许多人会被她的措辞所冒犯。幸运的是，这位患者觉得她的话很有意思。但是，"声音"是一把双刃剑。由于你将自己的个性用作工具，你就需要足够的自我意识与敏感性，来觉察你给别人留下的印象。你必须认识到，你待人接物的方式可能不会起到你想要的效果。

在我还是曼彻斯特大学的一名医学生时，我曾在一家不孕不育诊所与一名妇产科顾问医师工作过一段时间。他每次问诊时都会解释一些基本医学知识。"人类靠卵子来繁衍后代，就像鸡一样，"他会这样说，"只不过人类的卵要小得多，而且在体内。你明白吗？"有一次，患者认真地听了他的话，但什么也没说。不知为何，医生停下来问她有没有工作。"有，我在这里当大学讲师。"患者答道。"你教什么？"医生问道。"人类生殖生物学。"她说。医生还算有些风度，露出了羞怯的神色，但让人不舒服的是，他又开始滔滔不绝地讲了起来，就像他以前无数次做过的那样。

无论是在妇产科还是平面设计中，"标准"的工作方法是无效的。销售人员知道他们不能在每次推销时都用同一套话术。这种说法很快就会变得不真诚，让双方都无法真正地倾听。你的"声音"不仅在于你说的内容，甚至不仅在于你说的方式。它是你打交道的方式——无论对方是患者、客户、同事还是顾客。这是你与人联结的方式。

专家对"声音"的处理让人佩服——表面之下还有许多东西。我所见过的最老道的全科医生似乎能毫不费力地指出患者的问题。他们不是在展示医学知识，只是在倾听——也许会说上几句话。他们不催促，也不坚持按照特定顺序提问。他们不炫耀。他们似乎能毫不费力地把任何问题弄得一清二楚。然而，如果事后询问他们当时发生了什么，他们的语言会立即发生变化。他们会阐述自己是如何考虑这种或那种诊断的，并思考患者有多大可能性患上了重病。他们会谈到最近阅读的论文，或者他们在考虑把患者转诊给这位或那位专科医生。他们会制订应急计划，采取保障措施，以防出错。然而，这一切都是难以察觉的。对于患者来说，就诊只是一件很自然的事情：一次有帮助的对话。

约书亚与顾客在一起时也会做类似的事情。他很自信，也很有能力，能给每个人提供明智的建议，帮助他们权衡面临的众多选择。但只要透过表象，你就能发现他的知识非常渊博。他不仅是西装设计和制作方面的专家，而且还了解时装和布料的风格与历史。你不一定能看到这一点，因为他只在需要的时候才显露出这一面。

但是"声音"也有阴暗的一面。"声音"有强大的力量，可以隐藏懒惰与知识的缺乏。"声音"的力量使其容易变质或遭到滥用。虚张声势的表演可以隐藏无知，掩盖毫无根据的自信。如果知识与技能上的不足以花哨的表演来过度弥补，"声音"就会变成魅力或单纯的诱惑力。事实性知识会遗忘，技能会退化。我在有些资深医生身上见过这种情况。他们的医学知识已经过时，但他们的表演能力却在不断提升。他们个人的魅力掩盖了这样的事实：他们与更广阔世界的进步脱节了。大多数情况下，这种做法不会造成什么伤害，但表面上的专家（医生）与表面上不是专家的人（患者）之间的权力差异，意味着前者通常不会受到质疑。有时他们新知的缺乏会酿成大错，导致严重的误诊。

因此，这里有一个很微妙的平衡。如果你走向一个极端，就只会照本宣科，提供死板的、预先制定好的解决方案，这可能并不能解决真正的问题；走向另一个极端，就会让所有的事情都以你为中心，任性地把自己的个性与表现看作重中之重。专家能在这两种危险之间找到一条出路——既不压抑自己的"声音"，也不过分依赖"声音"。他们会避免过多强调个性，而忽视知识与技能。

既不标新，也不守旧

年龄与经验的增长带来的一个好处就是智慧。智慧能让专家用怀疑的眼光看待当下的流行趋势。这样做能避免被虚妄的狂热所裹挟，确保自己做的决定符合常识。这让我想起了我在医学生时代常听到的亚历山大·蒲柏（Alexander Pope）《批评论》（*Essay on Criticism*）中的格言。

> 文字与时尚的道理一样，
> 标新与守旧同样荒唐：
> 既不要率先尝试新异，
> 也不要最后抛弃故旧。

然而，要将这种平衡、健康的怀疑态度与懒于学习新技术、不愿跟上技术进步区分开来，是很困难的。大家常说，在我们的世界里，信息比知识重要，知识比智慧重要。保持冷静、着眼长远，审慎对待技术进步的能力越发显得罕见而可贵。关于我们应该相信什么，头脑冷静的指引比以往任何时候都更加重要。为此，我们需要专家的智慧——医学与其他任何领域都是如此。

我们信任的是人，而不是那些面目不明的信息传播者。通过一个人的"声音"（他们的风格、个性，以及作为一个人与我们建立联结的能力），我们才能决定是否信任他。每个医生、发型设计师和裁缝都是与众不同的。

专家有责任不滥用我们的信任，不利用我们的信任隐藏懒惰、恶意与私欲。这些事情都可能会发生。近景魔术师可能变成骗子或在打牌时作弊；知名艺术家也可能用质量低劣的作品蒙混过关，因为他们的作品很受欢迎；外科医生也可能会做没必要做的手术来增加收入。这种动机不纯的现象，是因为"关心他人"的责任心变质了，正如我们之前看到的喜欢"开刀"的外科医生一样。这是"从你到他们"的转变的反面——关注点从他人身上转移回到了自己身上。这是在滥用"声音"的力量。

回到哈里和他的咳嗽上来。在我参加全科医生师资课的几周之后，哈里来我的诊室找我了，他不久之后又来了一次。与此同时，我也一直在想着他。显然他心里有些事情，但我不知道是什么。我试图弄清他为什么多次来访。在下一次他来的时候，我试着采取了不同的策略。在此之前，他提到过他的妻子埃塞尔，但没有多说。我感觉其中有些隐情。"你还记得那天我们谈话的时候，你跟我提起了埃塞尔吗？"我开口说道。

我停下来等他说话。不一会儿，他就滔滔不绝地说了起来。原来哈里最担心的并不是他的咳嗽，而是卧床不起的埃塞尔。他很害怕，如果他生了重病，埃塞尔就会被困在家里，没人照顾她。所以，他既想知道自己出了什么问题，又不想知道。从那以后，我们的谈话就发生了变化，我们能够思考可能的解决方案了。最后，哈里同意做 X 光和其他检查。结果发现他患有肺气肿，还好他没得癌症。尽管如此，我们还是花了大量时间谈论埃塞尔，我认为这些谈话给哈里的帮助，不亚于对其咳嗽的治疗。

回想那些学习巴洛克音乐的周末，我意识到，要用羽管键琴发出自己的声音，我并不需要成为一名演奏大师。当然，我也永远成不了大师。在那种情境下，更重要的是融入集体，在不吸引关注的情况下做出贡献，以及（用比尔·埃文斯的话来说）意识到"问题之大"，意识到我必须一步步地前进，享受这种循序渐进的学习过程。

如果你已经在成为专家之路上走到了这里，说明你已经来到了一个分水岭。对于很多人来说，走到这里就足够了，就像学习羽管键琴的我一样。我的演奏达到了一定的水准，我已经很满意了。如果你想走得更远，就可以更进一步。但是，从这里走向真正的专家，可能是一次最大的飞跃。

第9章

学会随机应变

回到 20 世纪 80 年代的南非，手术室里又出现了一个紧急情况。这次我的患者是滕巴。这个年轻男子的脖子侧面靠近下巴的倾斜处有一道小小的刺伤。他躺在手术台上，已经被麻醉了，我正要开始做手术。那是一个繁忙的周六，几个手术室里都在同时进行手术。其他外科医生也都在工作，为各自的患者做手术。我在巴拉瓜纳医院已经工作两年多了，已经到了可以独立做这种手术的阶段。但是，正如我在给乔纳斯做手术时（见第 6 章）发现的那样，脖子是一个很危险的区域。

我们给滕巴消了毒、盖上了手术巾，然后我沿着他的胸锁乳突肌切了一个口子。这是一块从耳朵延伸到胸骨的肌肉。我既兴奋又害怕。在最幸运的情况下，脖子上的刺伤只是一个挑战，但你永远不知道你会发现什么——伤口的大小与损伤的程度可能远远不相符。我在心里回想可能会遇到的东西：各种带状肌、神经和血管。

　　手术一开始，我就意识到我会大吃一惊。我从书本上和解剖室里了解到的结构似乎都不见了。没有整齐的带状肌，没有动脉，当然也没有神经。我花了那么长时间记住的脖子里的"小东西"也消失了。只有一片模糊的血肉，既可怕，又滑腻，我触碰的一切都在出血。那把刀肯定刺穿了一条大动脉，那条动脉现在把血液输送到了颈部的组织了，模糊了熟悉的参照点。

　　如果我处理不了这种情况，如果我找不到伤口，那该怎么办？如果还有其他重要的组织结构也被切断了，那该怎么办？要是我在手术中损坏了某些重要的东西怎么办？如果滕巴在手术台上失血而死呢？我以前从没遇到过这种情况，所以只能随机应变。可我该怎么做呢？

随机应变的艺术

　　现在你到了成为专家之路上的另一个转折点。你积累了经验，学会了运用感官，并且做了充分的、实用的"准备工作"。你是一个经验丰富的专业人士，一个熟练工。你能认识到这件事的"重点不在于你"，你也形成了自己的风格或"声音"。

　　在这一章里，我们将探讨如何培养更高级的技能，来应对快速变化的情况的复杂要求——也就是随机应变。这是你如何想出解决方法、摆脱困境的一部分。但是随机应变的能力远不止于此。随机应变是专家的能力——是他们成为专家的关键。在任何领域都是如此：每个领域的专家都要随机应变。

　　在我给滕巴做手术的多年以后，伦敦爵士音乐节的一场演出出了一些问题，而我正在台下。我正在听一场钢琴、贝斯与高音萨克斯的三重奏，他们正在演奏这位钢琴手创作的新曲目。他们的乐谱架上放着手写的乐谱。钢琴家背对着观众，贝斯手在后面，萨克斯手在前面。第一组乐曲演奏到一半的时候，我意识到旋律中有一个短暂的停顿，有一种意料之外的感觉。几乎在一瞬间内，一切都恢复了正常。要不是贝斯手在演奏完这一曲后解释刚刚发生了什么，我根本不会多想。

他告诉我们，虽然他和这位钢琴手曾一起演奏过，但他们从没有和这位萨克斯手一起合作过，也没有机会排练。演奏到一半的时候，贝斯手发现，他的乐谱里多写了几个小节，他与其他乐手不同步了。他意识到这一定是抄写错误，不得不迅速采取行动。所以他看向萨克斯手的乐谱架，把他看到的内容转换成低音谱号的谱子，然后继续演奏。这是敏捷思维与冷静头脑的组合，其背后有着数十年的经验。

尽管我们面临的风险不同，但这位贝斯手的叙述让我想起了我在索韦托给滕巴做手术的那个可怕夜晚。他的话让我想到，爵士乐队就像外科手术团队一样，在遇到意想不到的事情时，大家要协同一致、做出反应。接下来我想到的不是手术或音乐，而是随机应变这种专家特征，这种能力适用于任何领域。我开始想，其他专家的见解能否阐释这种应对意外事件的兴奋与恐惧。

在谈论爵士乐时，说到"随机应变"，大家通常会想到音乐的即兴表演。他们可能会想象一个小号手走到舞台前，选择一个音乐主题，跟随着此刻不知从何而来的灵感，演奏出意想不到的旋律。他们认为随机应变是一种自发的、毫不费力、不需要准备的事情。在大多数时候，这与事实相去甚远。这也许是表面上的样子，但事实并非如此。

随机应变建立在多年艰苦努力的基础之上，建立在我至此探讨过的所有步骤的基础之上。随机应变始于积累、运用感官、在系统内工作。除了练习、学会倾听、犯错与纠错之外，随机应变者还需要做出"从你到他们"的转变。对于音乐家来说，"他们"是与自己一起演奏的其他音乐家，以及他们的听众。与此同时，他们还要找到自己的"声音"，也就是让他们成为专家的独特风格。但是，随机应变不是一种偶尔偏离行为规范的做法。它就是把事情按照规范做好。能够有效地随机应变，是成为专家的一个重要方面。

在观看那个爵士乐队演出时，他们的演奏里已经有很多随机应变了。随机应变是爵士乐固有的一部分——并非所有的音乐都写在了乐谱里；音乐家必须在当下想出一些新东西。他们花在练习和学习理论的那些功夫，就在这时派上了用场。只有在作曲成为第二天性之后，他们才能知道在旋律中加入哪些音符才能与基本的和声相符，并将这些音符串成有表现力、能感动人的音乐。在我看来，演奏爵士乐的能力就是一种专长。不过我那天看到的表演则更令人佩服。当随机应变的基础——预期被打破时，贝斯手立即想出了搭档们能理解而观众却不知道的解决方案。我认为，这堪称专家。

有些随机应变能让你瞠目结舌。1975年1月24日，美国爵士音乐家基思·贾勒特（Keith Jarrett）在科隆歌剧院举办了一场音乐会。在今天看来，这场表演是随机应变的代表，并且作为里程碑式的表演而名垂史册。但是，这场科隆音乐会（现在的通称）差点没办成。贾勒特当时正忙于一系列令人筋疲力尽的个人音乐会，其中有 11 场都在欧洲举行。他们宣称这些表演都是彻底的即兴表演，而不是对已经谱好的曲目进行变奏。贾勒特的目的是从零开始创作他所演奏的一切。他之前在瑞士的一个晚上做过这样的表演，而 1 月 24 日晚上，他本来应该休息。但是面对在科隆举办深夜音乐会的机会，贾勒特表示了同意。

贾勒特对于表演用的钢琴非常挑剔，这是可以理解的。为了这场音乐会，他指定要求使用一台全尺寸的音乐会大钢琴，但当他到达科隆歌剧院时，他却发现了一台次等的替代品：一台走调的小钢琴，几乎不能演奏。贾勒特怒不可遏，差点取消了音乐会。然而 1400 多张票已经售出，他只能勉强同意演出。那时，贾勒特的状态很糟糕。繁重的日程安排压得他筋疲力尽，旅途让他疲惫不堪，因为严重背痛而戴着护腰，再加上他讨厌的乐器——一切似乎都不对劲。

终于，在歌剧院四个音符的铃声的引领下，观众坐在了自己的座位上。贾勒特走上舞台，坐在了钢琴前。他演奏的前几个音符似乎很熟悉。那是歌剧院的铃声，他把铃声作为即兴表演的起点——作为他开始演奏的方式。仔细听那场演出的录音，你可以听到观众会心的窃笑。

然后，在一个多小时的时间里，贾勒特将富有表现力的音乐灵感汇聚成了一曲连贯、感人的杰作，让观众为之着迷——而他一直演奏的乐器却是那台二流的、音量不足的钢琴。他必须根据这台钢琴的特点调整他惯常的技巧，比平常更用力地敲击琴键，才能让声音传到楼上的观众席。无论在技术上还是音乐上，他都超越了自己。不知为何，所有这些挑战产生了神奇的结果。科隆音乐会的录音成了爵士乐史上最成功的专辑之一，销量超过了 300 万张。

贾勒特的杰出表演凸显了专家的本质。他花了几十年的时间学习、练习和表演。他擅长即兴创作音乐。但是在那次科隆的表演中，他做了一件更了不起的事情。他面对的是一种更特殊的情况：健康状况不佳与疲劳的压力、钢琴的质量不佳以及他发现自己的要求被忽视时的愤怒。他的注意力范围没有因此而缩小，反而扩大了，甚至他还注意到并运用了铃声的四个音符。在我看来，这是最高级别的随机应变——真正的大师级的例子。

随机应变与表现

随机应变与表现是密不可分的。然而"表现"这个词会让很多人感到不安。对他们来说，"表现"听起来像是在做一件不真实、不真诚的事情——甚至是在伪装。我完全不同意。没有人会批评钢琴家演奏贝多芬的协奏曲，毕竟他们花了很多年的时间学习和练习这些曲目。

表现不仅仅是舞台上的事情。我们说的做手术、操作、做实验，以及演奏协奏曲和表演戏剧都属于表现。无论是音乐家、演员还是舞蹈家，表现就是一切；但对于医学和科学，表现同样重要。在任何表现里，随机应变都是重要的组成部分。

随机应变事关你如何运用所学的知识，在当下提出解决方案，对周围发生的事情做出反应。然而，随机应变的概念，就像表现的概念一样，常会让人感到不安。这听起来很不专业，像是一种突发奇想的解决方案，就像用木板和砖块临时搭成的书架，或者匆忙搭起来的避雨棚一样。但我认为这是一种无价的技能。那个避雨棚也许是临时搭建的，但它能为你遮风挡雨。

在医学工作里，随机应变实际上是一种常态。作为一名医生，你总是不得不随机应变。你总是要在新情境中运用现有的知识——因为你和人一起工作，每种情况都是不同的。不存在所谓"标准"的肺炎病例，或者"常规"的颈部刺伤。每次工作时，你都在与一个独特的人打交道。即使你在不同的场合治疗同一个人、同一种疾病，每一次的情况也会有所不同。你不能两次踏入同一条河流。你和河流都变了。

懂得如何随机应变是成为专家的关键。这是你的"声音"和风格的一部分，属于你与他人互动的方式。有了这种能力，大家才会认识到你正在成为一个与众不同的专家。

随机应变能力挽狂澜

每隔一段时间，媒体就会报道一次力挽狂澜的壮举。2009年1月，机长切斯利·萨伦伯格（Chesley Sullenberger）正在驾驶美国航空公司1549航班，这是一架空客A320客机。从纽约拉瓜迪亚机场起飞后不久，这架飞机就撞上了一群加拿大雁。两个引擎都出了故障。萨伦伯格意识到他无法到达附近的任何机场，于是决定将飞机迫降在哈德逊河上。此举成了航空史上最著名的紧急迫降之一。机上的每个人都奇迹般地活了下来。

事后，萨伦伯格讲述了他是如何处理当时情况的。他决定迫降之后，就关掉了无线电以消除干扰。然后他全神贯注地将飞机迫降在了水面上。就像所有飞行员一样，他的整个职业生涯都在训练如何应对这种低概率、高严重性的事件。原来，在积累经验的阶段，萨伦伯格也有过其他的相关经验，包括降落水上飞机。后来，他这样总结自己的成就："我们可以这样来看待这件事，42 年来，我一直在积累相关的经验、教育与训练，就像在往银行里定期、少量地存钱一样。到了 1 月 15 日那天，余额存够了，我可以取出一大笔钱来。"尽管他很谦虚，但我认为他说得再好不过了。

萨伦伯格 42 年的经验使他积累了大量知识，可供他在短时间内加以利用。与飞鸟相撞时，他利用了多年积累的经验，运用了自己的感官，并很好地与他人合作。他有足够的经验厘清眼前的问题，选择最佳方案，然后创造条件，让自己全神贯注地将客机迫降在河面上。他尽可能地减少了分散他注意力的额外因素，然后竭尽全力地专注于这件事情，争取最大的成功可能性。

这种力挽狂澜的壮举不仅仅会发生在航空领域。1997年，在阿姆斯特丹音乐厅的午间音乐会上，葡萄牙钢琴家玛丽亚·若昂·皮雷斯（Maria João Pires）在里卡尔多·夏伊（Riccardo Chailly）的指挥下，坐下来开始演奏一首莫扎特的钢琴协奏曲。在乐队开始演奏前几小节时，皮雷斯意识到他们演奏的不是自己之前准备的那首协奏曲。

在纪录片中，我们可以看到皮雷斯一脸惊愕。夏伊在指挥台上看着她，而她对夏伊说："我准备的是另一首协奏曲。"夏伊先是安慰她："你上次演奏过这首曲子。"然后他微笑着说："我相信你能做到，而且你能做得很好。"

她的确做得很好。

在乐队即将演奏完前奏时，她让自己静下心来，然后完美地演奏了莫扎特的这首 D 小调杰作。

就像本章开头的那个贝斯手一样，皮雷斯能够随机应变，找到应对艰巨挑战的方法。她已经对这首 D 小调协奏曲烂熟于胸了，并且之前已经演奏过很多次了。但是，能够在不到一分钟的时间里回想并运用那些知识似乎是非同寻常的能力——更不用提是在众目睽睽之下，表演已经开始的情况下。

成为专家不仅要擅长你的主要工作，还要能够对你从未遇到过的事情做出反应，对你所做的决定怀有信心。皮雷斯之所以能做出反应，是因为夏伊的支持起到了至关重要的作用。与萨伦伯格一样，她凭借敏捷的思维、丰富的经验，以及一生的努力与准备，挽救了可能发生的灾难。她设法控制住了自己的恐惧，依赖自己几十年来培养的技能。

很少有像萨伦伯格和皮雷斯这样戏剧性地力挽狂澜的例子，但这样的例子通常都有相似的特点。我们在第 6 章看到，当发型设计师法布里斯把他顾客的头发剪得太短的时候，他必须揣摩顾客的心理状态，才能决定如何应对这种情况。很久以后，他在工作中的一项职责就是在其他发型设计师犯错之后与顾客打交道。这在一定程度上是由于他拥有纠正错误的专长。然而，更重要的是，他有能力与不满意的顾客建立融洽的关系，想出解决方案，化解紧张的局面，取得积极的结果。

在所有这些例子里，技能是必要但不足够的。这些专家如何处理他们自己的反应以及他们与其他人的关系才是关键所在。

萨伦伯格必须克服自己的焦虑，通过自己的行为举止让团队充满信心，并利用自己的技能将大型客机迫降在河面上。皮雷斯必须与夏伊和乐队紧密合作，为观众带来一场难以忘怀的体验。法布里斯必须站在顾客的立场上，考虑她的问题，而不能采取辩解的态度。他们都希望在无法预测的情况下取得最好的结果。

"是的，而且……"

到目前为止，我讲的都是一般意义上的随机应变——一种对周围发生的事情做出反应，并设法解决你面临的挑战的能力。在手术室里，"随机应变"这个词有一种更特殊的含义。

1979 年，戏剧导演基思·约翰斯通（Keith Johnstone）出版了《即兴》（*Impro*）一书，他在书中讲述了自己与几批演员合作的经历。对约翰斯通来说，随机应变是一种可以学习和练习的技能，这种技能的基本原则是：它取决于所有相关的意愿——倾听、回应的意愿，以及以创造性而非破坏性的方式合作的意愿。如果两名演员正在即兴创作一个小品，约翰斯通会要求他们每句回应的台词都以"是的，而且……"开头——以对方的表演为基础，开拓新的可能性。这与"是的，但是……"的反应截然相反。这种回答会妨碍接下来的行动，减少可能性。约翰斯通要求参与者保持冷静的头脑，准备运用自己内心的任何感受来合作表演。

这实际上比听起来要难得多。我们内心里有一个批评家，总会评判哪些办法可行——哪些不可行。我们已经习惯于听从这个批评家的声音了，所以很难放下这种先入之见。然而，这种接受与回应他人提议的意愿，对成为专家而言十分重要。这是"重点不在于你，而在于他们"的另一个方面。无论你是演员还是医生，这种行为都体现了对他人观点的尊重。

在成为专家的旅途上，你一直都在遵循你所选择的领域里的工作框架。你一直参考的是已经完成的工作。你模仿他人，按照他们的做法去做事。你一直停留在一个系统里。但你此时在质疑这个系统，重新划定它的边界。你在凭借自己的个性，做出你认为的最佳选择。你不再必须遵循别人的做事方式，你有责任去用最好的方式做事。

有时，这种思维方式的改变是被迫的，就像我在给滕巴被刺伤的脖子动手术时一样。我并不想离开我熟知的系统，但那套系统在当时并不管用。我必须采取行动，而我所学的东西却派不上用场。当你力不从心时，你就必须独立思考，否则糟糕的事情就会发生。

在表演艺术里，即兴表演并不是爵士乐和戏剧的专利。事实远非如此。几个世纪以来，即兴表演在古典音乐里一直受到高度重视。用 C. P. E. 巴赫的话来说，用轻柔、顿挫的乐音打动人耳的能力，完全取决于表演者对当下时刻做出反应并相应地调整自己的表演。现在，人们对这一概念又重新燃起了兴趣。伦敦市政厅音乐及戏剧学院古典即兴演奏系教授大卫·多兰（David Dolan）这样解释道："直到一个多世纪以前，大家认为所有音乐家都应该在表演中加入即兴元素。每次他们演奏一段重复的音乐，都会有所不同。现在，对音乐家的评估标准变成了他们对既定乐谱的忠实程度，也就是他们演奏乐谱上特定音符、节奏和力度的'准确'程度。这样就打压了他们即兴演奏的能力。"在多兰看来，真正的艺术是完全内化你所演奏的音乐结构，然后将其作为一个出发点。在你对你熟知的东西做出新的诠释之后，你会回到这个出发点。这种观点让我想起了爵士乐钢琴家比尔·埃文斯，独自一人待在车库里，连续数月艰苦努力，分析自己的演奏技术。

"正确"地弹奏音符（也就是说，按照乐谱上弹）与弹奏出你想要传达的信息之间有着天壤之别。作为一名音乐家，你不是在重现你独自练习过、完善过的东西，而是在进行一段对话。只有超越乐谱上所写的东西，把自己的个性注入你所演奏的东西，音乐才会具有生命力。

对于任何需要表现的事情来说都是如此。要做好这件事，你就必须理解其底层结构，即工作的基本架构。你在工作的时候，就是在这个结构与你和受众的情感世界之间建立联结。例如，魔术师必须应对手指间的偶然失误、忘记选择了哪张扑克的观众。表演中总有不可预测的因素，总是需要你在当下综合运用各项技能。

当然，在表演中把一段写好的音乐演奏得饱含生命力所需的随机应变的灵活性，与完全独立于既有曲目的即兴创作是有区别的。但在这两种情况下，你都必须保持专注，用心倾听周围发生的事情，并始终以约翰斯通所说的"是的，而且……"的态度做出回应。

就像演奏爵士乐一样，做医生也需要随机应变，尤其是在你是全科医生的情况下。每次接待患者都是独特的、不可预测的经历，但这些经历不会超出你多年来习得的医学知识与技能——相当于小号手对音阶的掌握与演奏技巧。这些标准化的知识和技能提供了一种保障，让你能够自由地朝着意料之外的方向探索。如果你是一个缺乏经验的医生，你就可能不愿意谈及你觉得自己没有能力应对的领域，或者超出课本知识的话题。后来，你的自信会逐渐增长，你也能够询问不同的问题，稍做探索，承担不舒服的风险。如果你试图把问诊限制在严格的范围之内，患者就会感到你在强迫他。你可能会对你想要的问题做出回应，而不去发现真正的问题是什么，因为你知道如何治疗前者。你不应如此，而是必须仔细倾听，然后用"是的，而且……"来推进对话的每一个部分。这意味着承担风险。

这些技能是你通过积累经验、熟悉工作对象、了解脆弱工作对象的性质以及它何时会濒临崩溃而习得的——你需要完成所有这些步骤。没有这些步骤，你就不能随机应变。但是你不一定要表现出来。专家越是专业，你就越难以看出他们走到现在这一步所付出的努力。正如传奇爵士音乐家比尔·埃文斯所说，也正如我们在上一章所看到的，如果一个学习者试图模仿专家的行为，却没有专家多年的艰苦努力，他就会陷入危险的境地。例如，在医学工作中，你很容易把专家轻松自如的随机应变看作一次愉快的交谈。你可能以为自己也能做到这一点。很快你就会发现你做不到。

风险工艺

裁缝约书亚是一个随机应变的专家，一个让人出乎意料的大师。他独立经营裁缝店后不久，就接待了一位不知道自己想要什么的顾客。约书亚是这样说的："如果你让我给你设计并制作一件西装上衣，我不能准确地告诉你成品是什么样子，甚至不能告诉你需要多长时间。但我能告诉你的是，这将是你拥有过的最棒的西装上衣。"

许多人在这时都会感到不安，但这位客人却愿意接受。约书亚说到做到，那件上衣棒极了，顾客很喜欢。他们的约定要求双方都要容忍西装制作过程中的不确定性。大卫·派伊（David Pye）在比较确定性工艺（workmanship of certainty）与风险工艺（workmanship of risk）时，讨论的就是这个问题。我觉得区分这两者是很有用的，但这种区分需要一些解释。

派伊是一个著名的家具制造商，也是伦敦皇家艺术学院的家具设计系教授。1968 年，他出版了颇具影响力的著作《工艺的本质与艺术》（*The Nature and Art of Workmanship*）。他从一个定义开始讲起：

> 如果必须说出"技艺"这个词的含义，我认为最接近的意思是，使用任何技术或设备的工艺——这种工艺的成果不能预先确定，而是取决于匠人工作时的判断、灵巧手艺与关心。其基本理念是，在制造的过程中，成果的质量始终面临着风险。所以我将这种工艺称为"风险工艺"。这个用词虽然不太优雅，但至少说清了基本含义。
>
> 顺便一提，在工艺中，关心比判断和灵巧的手艺更重要，不过这种关心可能是习惯性的、无意识的。

派伊继续写道：

> 我们可以把"确定性工艺"与风险工艺进行比较。前者始终存在于批量生产的过程中，尤其是完全自动化的批量生产。在这类工艺中，成果的质量在任何一个可以销售的产品被制造出来之前就完全确定了……风险工艺最典型、最为人熟知的例子就是用笔写字，而确定性工艺的例子则是现代印刷术……从原则上讲，这两种不同的工艺之间有着明确的区别，这种区别在于这个问题："一旦开始生产，成果是否就已经确定、不容更改了？"

对于现在的读者来说，派伊举的 20 世纪 60 年代的例子可能显得有些奇怪，因为现在手写的东西越来越少，而印刷已经进入了数字化时代。然而，他的观点是明确的。他对"任何技术或设备"的强调表明，他不仅考虑了传统的制造技术，也展望了新生的技术。派伊谈论的不是产品质量低劣的风险。相反，他谈论的是产品内在的不确定性，即无法预先明确将会发生什么。这是成果可预测性上的风险，而不是使用者或体验者要面临的风险。

我在本书中提到的所有专家，都要采用风险工艺。外科手术、定制西装、临床问诊、魔术表演、石雕、音乐表演、发型设计——所有这些工作的成果都不是预先确定的，也不是不可改变的。它们都包含不确定性。

对于现在的读者来说，"风险"这个词还有其他意思，即我们自己或他人面临危险的可能性，或者涉及金融的后果、公共安全的威胁。当然，这两种风险的概念有重叠之处，尤其是涉及人类的时候。和人一起工作时，没有什么是确定的。因此，派伊强调判断、灵巧手艺和关心的重要性，并指出关心远比另两者重要。

虽然派伊使用的术语有些古老，但我赞同他的理念——他阐明了一些至关重要的东西。专家的工作中贯穿着一种必要的不确定性。随着经验的积累，你必须接纳并处理这种不确定性。这就是为什么随机应变、另辟蹊径的能力是至关重要的。做外科医生的时候，我逐渐意识到，在做手术之前，我唯一能够确定的事情是，有些事情我无法预先知道。这些事情可能是伤口的细节，也可能是解剖学上的变异；可能是患者器官与组织的运作方式，也可能是缝合这些器官与组织时可能会遇到的意外；可能是我会遇见的出血量出乎意料，也可能是某些组织平面因为以前的手术或感染而黏住或消失。我无法事先判断哪些组织结构会成为濒临崩溃的脆弱工作对象。

正是在这种未知的情况下，我才需要足够的信心和技能来随机应变。也许我无法提前知道我会发现什么，但我必须相信我能应付得来。

应对不可预测的事情

随机应变总是与风险如影随形。当你尝试新事物时，总会有不如所愿的可能性。在第 6 章中，我们探讨了犯错和必须纠错的情况。在这一章里，我们谈到了专家总是在随机应变，总是应对意料之外的事情。接下来，我们要把这些理念汇集在一起，谈一谈抗逆力与复原力的问题。

专家要为他们工作中固有的变化负责。他们要读懂自己的工作对象，读懂他们工作的受众——他们的观众、客户、患者。专家会根据不同的情况调整自己的技巧，在不同的场合都会重新思考眼前的问题。他们会一直与自己的作品、与受众对话。处理错综复杂的意外情况，是专家必须要做的事情，学习处理出错的事情是成为专家的标志之一。如果你要继续成长为一名专家，那么抗逆力与复原力就是必要的素质。

有时肠吻合术（切除一段肠道后将两节肠子缝合在一起）结束后会出现泄漏。这种事有时会发生，不是任何人的错。在医学上，这种现象被称为"并发症"。这是手术的不确定性的一部分，有些患者比其他患者恢复得更好。

这和犯错是不同的。并发症是指，即使你做了正确的事情依然会出现的问题。每种外科手术都有一个并发症发生率，你可以找到确切的数字。你可以说，部分胃切除术（切除部分胃部）后的泄漏率为 5%。如果你给 100 个患者做手术，其中 5 人会有泄漏。如果这种事发生在你的手术患者身上，并不一定意味着你做错了什么，尽管在当时你很难相信这一点。这只是与活人一同工作要面对的现实之一。

每个领域都有类似的事情。如果你是陶艺师，在上釉和烧制的时候就要面对一种固有的不确定性。有时一批产品就是会出问题，而你不知道其中的原因。如果你从没遇到过"并发症"，这通常意味着你做的手术、陶罐不够多，或者在你的领域里工作的时间不够长。

我们经常能想到专家创造的有形的东西，比如花瓶、画作或西装。但我们也看到了，许多专家创造的是短暂的体验，比如音乐、魔术或美食。在这些领域里，也涉及风险工艺，也有不确定性。

尽你所能做到最好，意味着你每次做事都稍有不同，都要对当下的具体情况做出反应。每当这种事情发生时，你都是在随机应变。当约书亚说"这将是你拥有过的最棒的西装上衣"时，他是在请客户相信他能为他们的独特需求制订解决方案，而不是采用某种既定的做法。约书亚的裁缝技艺，与我作为全科医生的技能一样，既在于界定问题，也在于知道如何解决问题。这凸显了人类专家与算法之间的差别。机械化系统可以高效地完成一些医疗流程，如在显微镜下发现异常的涂片细胞以诊断宫颈癌。但是，机器人不擅长告诉患者他们得了癌症，也不擅长倾听他们的担忧。每个医生都会用不同的方式处理诊断结果，判断怎么做对患者最有利。

学会什么都不做

许多已发表的研究将外科与航空进行了比较，探讨了驾驶舱内的规章制度如何使外科手术更加安全。这种观点认为，引入驾驶舱内的制度到手术室应该能够消除一些错误，例如把心脏瓣膜的方向装反。但是，现在的飞行已经很安全了，大多数民用航空已经变成了平安无事的例行事务。在长途国际航班上，大部分时间里很少有事发生。当然，针对每一种可能的突发事件，仍会有大量的培训。正如切斯利·萨伦伯格机长不得不把飞机迫降在哈德逊河上这件事，重大灾难偶尔也会发生——或者侥幸避免，但这些都是罕见的例外。军事航空则是另外一回事。

菲尔·贝曼（Phil Bayman）是一名战斗机飞行员。他的飞行日志上有超过 4500 小时的飞行时间，他差不多什么都见过。他不仅执行过无数次飞行任务，还训练过其他飞行员。许多"红箭"（英国一流的特技飞行表演队）队员以前都是他的学生。

菲尔和他的同事经历过本书讲述的所有步骤。战斗机飞行员在执行作战任务时，只有 15% 的注意力放在驾驶飞机上。余下的 85% 则用于"任务管理"，评估每一种情况并做出反应，他们要在瞬间做出决定。想一想"鹰"式、"狂风"式战斗机以接近超音速飞行的样子，你就能意识到飞行员面对的是什么情况。就像菲尔所说："你已经到了你能力的极限。"

战斗机飞行的要求很高。除了敌机、导弹这样的外部威胁，以及地形、天气这样的挑战以外，还有诸如重力这样的生理危险。菲尔是这样向我解释的："战斗机飞行像一盘大棋，里面有很多很多变量。如果出现了问题——比如你的飞机、身体、团队出了问题，这些问题就像试图爬到船上的鳄鱼，而你必须判断哪条鳄鱼个头最大，然后优先处理它。"要做到这一点，你就必须保持头脑冷静、对外界和内在发生的事情做出反应——也就是说，随机应变。

随机应变是一种可以学习的技能。对他教过的飞行员，菲尔常说一句话："事情出错的时候，什么都不要做，先数到十。很少有事不能等上片刻。在没想清楚的情况下草率行动，会有更大的危险。"尽管以音速驾驶战斗机进行空战与带领外科手术团队有明显的区别，但作为一名医生，菲尔的方法在我看来很有道理。

作为创伤外科医生，你必须判断哪条试图爬到船上的鳄鱼最大。当你遇到大出血时，你的第一反应是用止血钳夹住什么东西。但是在那些血肉模糊的组织里，你可能会夹住不该夹的东西，让问题变得更糟糕。外科教科书讲述了控制局面、识别出血位置、修复动脉与静脉的技术。这些教材很少提到你的内心状态——亲手做手术的感觉。不仅是出血决定了手术的结果，还有你的反应。经验丰富的外科医生学会了在做出不可挽回的决定之前暂时控制住局面。他们可能会用力按压纱布包，控制出血，争取足够的时间，以便后退一步，仔细考虑各种选项，并选择一种策略。形象地说，他们也会什么都不做，先数到十。

战斗机驾驶员会受重力的影响，外科手术中也有类似的不利因素。疲劳就是其中之一。在我实习的过程中，我花了很长时间才意识到，在周末值班即将结束的时候，在连续工作 48 个小时、睡眠不足的情况下，我的决策能力至少可以说是有问题的。我逐渐了解了这些迹象。我会开始变得迟钝、犹豫不决、不合适地傻笑，并且无法加工多个来源的信息。就像受到重力严重影响的飞行员一样，疲劳的这些表现是暗藏的。它们会在不知不觉间影响你。

那晚和滕巴一起在手术室里的时候，我很幸运。滕巴入院得早，我非常清醒。在那摊血泊之中，我振作精神，努力做到细致周全，辨认各种参照点，以便弄清各种组织结构的位置，找到受伤的部位。我的助手用棉签轻轻擦拭，突然一股血喷了出来。血流是搏动的，所以一定是动脉出血。姆巴塔护士递给我一个纱布包，我把它塞进伤口里，让助手用力按压，好让我冷静下来，试着用逻辑思考。至少我让滕巴的伤情稳定了足够长的时间，以便克服我的恐惧，考虑我的选项。我有了一种暂时的安全感，能够暂停下来、重整旗鼓。知道如何找到那种安全感是至关重要的。

找到你的安全感

为什么什么都不做很重要？这和随机应变又有什么关系？随机应变需要你注意各种线索并做出反应。当你在处理紧急情况时，或者感到疲劳或压力过大时，你的注意力就会缩小到一个点上。设法找到安全感，把最大的鳄鱼从船上踹下去，可以让你尝试并找出更长远的解决方案——把船开到没有鳄鱼的地方去。

在给滕巴做手术的很久以后，我请了一批专家，花了一天时间讨论错误与纠错。战斗机飞行员菲尔·贝曼就是其中之一。他首先给我们讲了一个故事。有一次在降落的时候，他感觉有些不对劲，但自己也不知道为什么。他检查完了降落前的各项步骤，但他还是感觉有些不对劲。他没有试图分析问题，而是放弃了降落，开足马力，爬升到了安全的高度。有时间思考之后，他意识到，尽管他按照各项步骤做了检查，但他没有拉起起落架的控制杆。他只在口头做了检查，但没有付诸行动，就像我监考时看到的那个医学生，他摸了患者的脉搏，却没有真的去数。不过，与那个学生不同的是，菲尔是专家，能够觉察问题。在那一刻，他只有几秒钟的反应时间。如果他停下来分析当时的情况，他就会坠机而死。通过本能的反应，爬升到安全的高度，他为自己争取了时间。在情况稳定下来之后，他才会在脑海中回想刚才几分钟内发生的事情，找出问题所在。

尽管本书中的专家所从事的领域各不相同，但他们都有一种如刺绣师弗勒尔·奥克斯所说的"错误意识"，一种让他们高度警惕的特殊感觉。一旦有了这种感觉，他们就会采取相应的行动，这个过程通常很快，以至于他们几乎不知道发生了什么。他们逐渐掌握了一种稳定局面的系统方法，能为他们争取分析问题、找出解决办法的时间——让他们什么都不做，数到十。正是通过这种方式，他们才能从预见性思维模式（做行之有效的事情）转变到回溯性思维模式，寻找问题的原因。

当然，并非只有在驾驶战斗机的紧张情况下才会出现问题。在职业生涯早期，裁缝约书亚有时很难把袖子缝到西装上衣上。通常情况下，一切都很顺利，但有时他会发现事情并不如他所想的那样。袖子似乎并不贴合上衣，一切都变得非常困难。一开始，他会反复调整布料，但这只会让事情变得更糟，他的双手会变得僵硬起来。后来，他学会了把这种僵硬感当作一个信号：是时候把工作放在一旁，换一种思考方式了。他会放下针线活，泡杯茶。这是他寻找安全感的方式。等他回到工作中的时候，问题看上去就不一样了。一旦情况稳定下来，他就能回想起老师教给他的那些基本制衣原则。这样他就能分析问题，运用回溯性思维，随机应变。但首先他必须暂停下来，重整旗鼓，思考眼前的问题。

当我开始在巴拉瓜纳医院实习的时候，有一位外科顾问医师说过一句几乎相同的话："要是你遇上了大麻烦，不知道该怎么做，"她说，"先什么都别做。要一些纱布包，让助手用力压住，然后你去喝杯茶。等你回来重新擦洗的时候，事情就会不一样了。"起初我不相信她，但是给滕巴做手术的时候，她的话又出现在了我的脑海里。

从某种意义上说，我刚才描述的几种挑战是完全不同的。弹错一个音符、缝坏一只袖子，没有人会死，但你在战斗机上很可能会被消灭，在手术台上也可能严重伤害一位患者。但是意识到情况不对劲、找到安全感、思考下一步该怎么做的原则，是专家级随机应变者的共同特点。

当新手缩小关注点时，专家会扩大自己的关注点。他们会对整体情况做出反应，而不只是应对孤立的因素。有时他们会想到一个完全不同的解决方案。有时他们会有意外的收获。

转祸为福

凯瑟琳·科尔曼（Katharine Coleman）是一名玻璃雕花师，以其精美的彩色玻璃作品而闻名。她依靠专业的玻璃吹制工来为她制作她所使用的材料。一天，凯瑟琳去取一只很重的碗，她受托为这只碗雕花。她震惊地发现玻璃上有灰烬的痕迹。她吓坏了，向玻璃吹制工抱怨。玻璃吹制工同情地看着她，安慰她说痕迹只是在表面上，一切都会好起来的。他对她说，只要继续打磨，这些痕迹就会消失。

　　凯瑟琳不相信他。她在玻璃的表面上看不到也摸不着任何痕迹，她确信玻璃本身有问题。回到工作室里，她再次检查了这只碗，更加确定是制作过程中留下的灰烬嵌在了玻璃里。可她别无选择，于是还是开始打磨这只碗。令她惊讶的是，几秒钟内，所有的痕迹都消失了。正如玻璃吹制工告诉她的那样，灰烬一直都在玻璃表面，是碗的光学特性使灰烬看上去像是在内部。

　　凯瑟琳的第一感觉是彻底的解脱。然而她产生了一个顿悟，她意识到自己在无意中发现了一些可能彻底改变她工作方式的东西。你在厚壁曲面玻璃外表面上做的任何加工，一旦经过透明材料的折射，再反射到其内表面，就会看上去不一样。虽然玻璃吹制工自古以来就知道这一点，但只有凯瑟琳这样的人才能利用这一现象进行雕花。现在，按照凯瑟琳的要求，玻璃吹制工会在厚壁透明玻璃碗上覆盖一层薄薄的有色玻璃，就像一层苹果皮或土豆皮一样。凯瑟琳把这层有色玻璃当作"画布"来雕刻她设计的图样，使她能够制作出现在广为人知的作品。

　　凯瑟琳告诉我，她当时很有可能只顾生气，认定她定制的玻璃出了问题（就像她想的一样）。但是她把这次经历变成了一个机会。从这个角度来看，错误、变化和不可预测性都不是应该被完全消除的东西。我们应该拥抱它们，因为它们会催生创意——如果你有这样看待它们的想象力的话。这种想象力是一种随机应变，是在意想不到的情况下发现可能性。就像基思·约翰斯通和他的演员一样，凯瑟琳是在用"是的，而且……"的态度做出反应。

在压力下随机应变

在巴拉瓜纳医院给滕巴做手术的时候，我正在与越来越强烈的恐慌感作斗争。我的助手用纱布包按压出血的位置，我还有时间后退一步。我在手术室里来回踱步，试图冷静下来思考。回到手术台旁，我取下纱布包，发现刀伤穿透了滕巴颈动脉的一个分支。我用止血钳夹住这个分支血管，打了个结，希望这样能解决问题。但是问题没有解决，血液还是喷涌而出。血是从他脖子后部来的，我意识到一定是椎动脉出血了。这是噩梦一般的情况。顾名思义，椎动脉就是那条穿过颈椎构成的骨通道的动脉。因此这条动脉几乎是够不着的。动脉是有弹性的，如果动脉被切断，切口处的血管就会收缩。如果这种情况发生在够不着的地方，比如脖子内部的骨通道里，血液就会一直喷涌而出，患者就会在你面前失血过多而死。这种事我已经见过不止一次了。

在给滕巴做手术的时候，没有人能帮上忙。即使我把顾问医师从家里叫来，她也至少需要 45 分钟才能赶到，那时可能就太晚了。只能由我来采取行动，而且必须立刻行动。我吓坏了，我还不是专家，而且这件事大大超出了我的能力范围。我必须把这种感觉放在一边。现在我真的得随机应变了。我试着尽可能地拓宽思路。我需要灵感。

我突然灵机一动。我不知从哪里（也许是咖啡馆里的对话，或是一本外科手术专著、期刊，或者某人的逸事）想起一个用导尿管的气囊来控制这种出血的故事。导尿管通常用于排尿。你要沿着患者的尿道插入导尿管，直到尖端进入膀胱。然后用注射器给一个小气囊充气，防止导尿管滑出。如何将导尿管用于椎动脉损伤呢？我的想法是，椎动脉的骨通道非常狭窄，即便是一个小气囊也能施加足够的压力，阻止动脉喷出血液。这个小气囊叫作"填塞物"，可能救人一命。至少在理论上如此。这值得一试。我必须采取行动，因为滕巴就要失血过多了。

我深吸一口气，要了一根儿科的导尿管。姆巴塔护士看着我，好像我发疯了一样——我们在给成年人的脖子动手术，而不是孩子的骨盆。但她还是给我找来了一根。虽然她不知道我想做什么，但她用"是的，而且……"的态度回应了我奇怪的要求，我们在一同随机应变。

我把导尿管插入了滕巴的伤口深处。每当我移开纱布片，伤口就会溢满血液。最后，我谨慎地将导尿管的尖端送到了正确的位置，给气囊充气，然后默默祈求好运。幸运的是，出血停止了，滕巴的血压稳定下来了。局面终于被控制住了，我可以慢下来了。手术依然很困难，但最后我还是用止血钳夹住了动脉，血液不再喷涌而出了。之后的事情就变得更简单了，我又用上了从书本里学到的技巧。一个多小时后，手术即将结束，我开始缝合皮肤。滕巴流了很多血，需要去重症监护室，不过他还年轻，身强力壮。他恢复得很好，很快就回到普通病房了。不久之后，他就恢复得可以回家了。不过这次手术真是千钧一发。

事实证明，那天晚上在手术室里给滕巴动手术的经历是一个分水岭。看着他离开医院，想到几天之前我还在担心他会死在手术台上，我再次意识到，我需要知道的一切并非都在书本里。这给了我信心，让我在需要的时候能够找到解决办法。几十年后，当我再回想起那次手术时，我的心依然怦怦直跳。当时我很庆幸自己能侥幸成功，想出了一个有效的办法。但我现在认为那是一种随机应变，利用了我脑海中的零散信息——在我最需要的时候找到了这些信息。终于，我开始成为专家了。

随机应变的能力是任何专家的特征。随机应变是我们将多年来积累的技能与领悟融会贯通，运用于我们遇到的每一种新情况中的方式。就像本章前面提到的爵士乐三重奏中的贝斯手一样，你能够解决意想不到的问题。有时候，这种灵活思维的能力甚至能把你的工作带向新的方向。这就是下一章的主题。

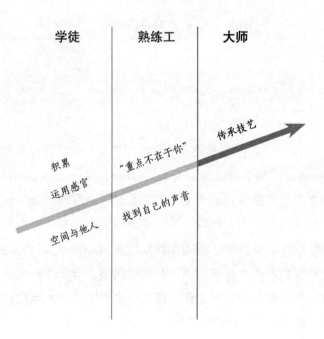

学徒　　　熟练工　　　大师

传承技艺

积累

运用感官　　　"重点不在于你"

找到自己的声音

空间与他人

第 10 章

改变方向

2014 年 9 月，我在伦敦的艺术工作者行会，也就是我在第 1 章提到过的那个杰出的组织。我们即将开展一个全天的活动，我称之为"线条管理研讨会"。我邀请了一批与"线"一起工作的专家。有几个人和我一样，是外科医生。有一个血管外科顾问医师，从事动脉、静脉的手术工作。还有一个心外科医生，专攻修复病变心脏瓣膜，而不是替换瓣膜。有 1/3 的人是儿科医生，擅长婴儿、儿童工作。还有一名洗手护士，他们在任何外科团队中都是关键的组成部分。

除了外科医生，还有一些来自医学领域以外的专家。我邀请了三位木偶师，他们能用线给木偶带去生命。还有一名渔夫，他会给鱼线系上鱼饵，再抛投出去捕捉鳟鱼。我们还邀请了一位实验性编织与纺织品设计领域的顶尖专家。还有几名帝国理工学院的工程师，他们在用数学方法分析各种线程，以创建计算机模型。

我们都是因为弗勒尔·奥克斯才聚集到这里来的。弗勒尔是一名三维刺绣师，第 9 章提到过她说的"错误意识"。弗勒尔参加过我开展的一次外科模拟活动，该活动演示了外科医生如何用缝合线缝合肠子。对我来说，这次活动的重点是展示外科团队如何对肠子或血管做吻合术，这是我在做创伤外科医生时做过无数次的工作。但当弗勒尔看到这种模拟展示时，她对解剖学、创伤或疾病中的细微之处并不感兴趣。她看到的是外科团队如何使用缝合线和穿刺针。她将这个过程称为"线条管理"。

弗勒尔从没上过医学院。她学的是美术、时装设计与刺绣。她是一个专业的制造者，也是一个专业的教师。我问她"线条管理"是什么意思，她说："我注意到，在手术中到处都是线。我的学生也会遇到这样的情况。我要教他们的第一件事，就是如何不让这些线缠在一起。我跟他们说，一根线的长度绝对不应该超过你手指到肘部的距离；你必须持续留意每条线上的张力；如果你在沿着曲线缝纫的话，就必须确保线不要像老式电话线那样拧成螺旋状。"

我真希望在我接受外科训练时有人能告诉我这些。在做手术助手时，我已经记不清有多少次，当上司做困难的吻合术时，我拿着牵开器"跟着"她，却让缝合线缠住了牵开器。在做外科医生时，当我沿着曲线缝合时，经常因为纤细的缝合材料拧成螺旋状而感到沮丧。

我跟着带我的外科医生学会了缝合。我从没想过刺绣师也能在这方面帮上忙，因为我从没有想过专业刺绣师。当时我几乎不知道他们的存在。多年以后，当弗勒尔谈论"线条管理"时，我意识到她在外科手术中看到了某些一直存在，但我却从未注意到的东西。她把线看作焦点。于是我们决定邀请其他专家一起探讨这个理念。

在艺术工作者行会举办活动的那天，弗勒尔和我的工作走上了新的方向。我们邀请所有参与者把他们工作中的例子和他们使用的材料带来。外科医生和洗手护士带来了手术器械、缝合线和动脉模型。渔夫带来了钓竿和鱼线，木偶师带来了满满一袋提线木偶，纺织品艺术家带来了她的纺车，数学家则带来了电脑和他们的建模软件。看到这些专家展示他们的技能，让我明白了，多看看自己领域以外的东西能让我对自己的知识产生新的理解。从那以后，跨学科的探索就成了我的研究重点。

"线条管理研讨会"也改变了弗勒尔的工作，为她的职业生涯开辟了一个新阶段。在艺术工作者行会的那次活动中，她坐在血管外科顾问医师科林·比克内尔（Colin Bicknell）旁边。弗勒尔和科林一见如故。弗勒尔带来了一个绷子，而科林带来了一个硅胶制成的主动脉模型。科林演示了如何用细小的针线插入人工血管，替换主动脉的病变部分，弗勒尔立刻产生了一种无比熟悉的感觉。尽管目的完全不同，她自己用针线的手法却与科林出奇地相似。

科林邀请弗勒尔到手术室里看他为真正的患者做手术，她便对此着了迷。三年多来，她成了科林的血管外科的"住院刺绣师"，这个身份可能是独一无二的。她不知道花了多少时间观察科林和他的团队，思考如何用她的技能来帮助外科实习医生和实习刺绣师。她观摩了外科医生处理一切你能想到的事情——从腿部动脉阻塞到能几分钟内置人于死地的动脉瘤破裂。但是，他们的合作不仅局限于观摩科林的工作。她也邀请了科林和他的学生到她位于伦敦北部的工作室，教他们如何像艺术家一样观察、绘画和缝纫。她设计了一个培训项目，帮助外科医生提高技能，从最简单的打结与刺绣练习开始，然后再在脆弱的老式纺织品上进行复杂的操作——这些纺织品一碰就会裂开。这就像给拥有像黄油一样柔软，或像陶土烟杆一样脆的动脉的患者做手术。

弗勒尔能够理解她在科林的手术室里看到的东西，因为她已经是专家了。我们从本书里讲的"成为专家之路"的角度来看看这件事。

弗勒尔已经经历了我目前讲过的所有阶段。她在艺术学校里待了许多年，学习如何做一名女装裁缝和时装设计师——积累经验并学习运用感官。她开了自己的时装店，为别人设计和制作服装。她犯过错，也曾不得不纠错。在自己的时装店里，她学会了弄清顾客的需求，按照他们的需求设计服装。就像本书里的其他专家一样，她必须做出"重点不在于你"的转变，并找到自己的"声音"。

2008 年的经济危机极大地打击了弗勒尔的生意，所以她在一段时期内转型做了束身胸衣定制裁缝，开辟了一个小市场，同时发挥她设计与裁缝的能力。她没有放弃自己所学的技能，而是将其变成了别的东西。用上一章的话来说，她在随机应变。尽管她善于制作束身胸衣，但她意识到自己并不完全适合这项工作。她需要一个能充分发挥她灵巧手艺和丰富想象力的挑战。于是，在伦敦维多利亚与艾尔伯特博物馆里历史服装的启发下，她迷上了三维刺绣。她花了许多个小时重制詹姆士一世时期的立体刺绣，根据自然界创作微观刺绣图形。现在她成了这个不同寻常领域里的重要专家之一。

那时，弗勒尔已经很出名了，她在手工艺和教学领域备受尊敬。她本可以在接下来的职业生涯里继续做这些，但在科林·比克内尔的血管外科做"住院刺绣师"的经历，让弗勒尔有了新的方向。她没有按照她在刺绣领域所受的训练继续工作，而是重新定义了工作。

没有多少专家会这样做。大多数人会继续走他们当初选择的道路。在别人的"工坊"里经历学徒阶段，然后作为"熟练工"磨炼并完善自己的专业技能，他们最后成了大师。他们专注于把自己的知识传递给那些与他们走上同一条道路的人。这是一项重要的工作，不仅对于在该专业系统里不断进步的学习者来说很重要，对于这个系统本身的存活来说也是如此。

这样的专家会按照自己所学的方式继续工作。医生照顾患者的方式差不多和他们的老师一样，即使他们采用了更新的技术。表演魔术的魔术师既延续了既定的工作方式，也开发了新的把戏或套路。定制裁缝会根据代代相传的样板与原型来制作西装。

但有些专家却另辟蹊径。这些人挑战了他们领域的基本特点。有些人像弗勒尔一样，在陌生的环境中找到了灵感，让他们从意想不到的角度，以新的方式思考。还有些人像约翰·威克姆一样，彻底改变了他们的整个领域。我们在本章要讨论的就是后者。我会从威克姆先生开始讲起。

锁孔手术的先驱

现在，如果你要切除胆囊，几乎可以肯定你会接受锁孔手术。你的腹部会有几个小切口，当天就能出院，很快就能回到工作岗位，但事情并非一向如此。20 世纪 80 年代，在我还是外科医生的时候，患者因胆结石而接受选择性手术后，要住院好几个星期。他们的伤口很大、很痛苦，需要很长时间才能愈合。我学习的这个手术流程，在几十年来一直是标准操作。有一部 20 世纪 20 年代的教学影片展示过一个手术，几乎和我在做外科住院医生时学到的一模一样。然后，几乎在一夜之间，一切都改变了。

20 世纪 80 年代末，锁孔手术的出现并非对已有方法的小修小补。这是一场彻底改变外科手术的革命，这场革命的关键人物就是约翰·威克姆先生。约翰于 2017 年 10 月去世，享年 89 岁。他是世界上顶尖的外科先驱者之一，也是一个终生的革新者。

在 20 世纪 80 年代开创了微创（锁孔）手术之后，他不断地在医学界掀起波澜。他发明了无数新技术，包括最早的机器人辅助前列腺切除系统之一。他的思想至今仍有影响，不过他的贡献到最近才得到公正的承认。在约翰去世的几年前，我认识了他和他的同事，并逐渐意识到这个性情温和、轻声细语的人是多么有影响力。

约翰是泌尿科医生。他专门治疗肾结石患者。就像本书中的所有专家一样，他经历了学徒、熟练工和大师的阶段。在他还是年轻的外科实习医生时，他在许多领域里都积累了经验，在神经外科也待了一段时间。在成为顾问医师的最初几年里，他曾按照当时的标准做手术，即切开大切口，露出肾脏，取出尿路结石。

　　他本可以在这个领域按部就班地度过余下的职业生涯。但是约翰有闯劲，不安于现状，总在寻找更好的治疗方法。最初，他的创新就发生在自己的专业领域内。他设计了新的手术器械，包括用于开放手术的威克姆牵开器，至今仍在使用。约翰对于提高自己的工作质量充满热情。在手术室里，他努力像神经外科医生对待大脑那样小心地对待肾脏。他对人体组织怀有很深的敬意，对肾脏手术的方法进行了研究，以尽量减少对肾脏的损害。

　　但是约翰并不满足于此。他告诉我，他在术后第二天去看望患者时，患者仍然承受着巨大的痛苦。他们身体侧面有一条像荷包豆一样长的切口。约翰会拿着一个小扁豆大小的东西说："史密斯先生，我们把你的结石取出来了。"切口的大小与这块小小的结石似乎不成比例。在约翰看来，这根本不合理。他开始质疑做这种大切口的必要性，挑战当时的正统观念。他后来写道："仍有太多的外科医生认为，如果你不切一个大口子，大到足以把脑袋塞进去，你就看不清患处，不能好好做手术。"

　　引领变革从来都不是一件容易的事，约翰对于手术的另类想法，让他在一些同事中不受欢迎。20世纪80年代的外科有着森严的等级制度。我知道这一点，是因为我当时在做实习医生，处在金字塔的底端。"屎往低处滚"，而我在最低处。但是约翰·威克姆不相信等级制度，他对权力和地位也不感兴趣。他想为他治疗的患者带来最好的体验，于是组建了一个不同寻常的团队。几十年后，当我开始研究锁孔手术早期历史的时候，我自己也认识了这个团队中的许多人。

　　那时约翰已经80多岁了，他的许多同事也退休了，但他们都清晰地记得当时的情况。托尼·雷布尔德（Toni Raybould，洗手护士）、麦克·凯利特（Mike Kellett，介入放射科医生）、克里斯·拉塞尔（Chris Russell，外科医生）和斯图尔特·格林格拉斯（Stuart Greengrass，工程师、手术器械设计师）都讲述过约翰如何把他们聚集在一起，寻找减少手术造成的创伤的方法。他的团队合作理念开创了新的局面。

在外科领域，那是个令人振奋的时期。科技正以惊人的速度发展，超声波和 CT 扫描等成像技术正在改变医生观察内脏器官的方式。光纤和小型化技术让医生可以把微型窥镜放入人体腔室。激光开辟了利用能量来治疗疾病的可能性。这些例子无穷无尽。在约翰的鼓励下，他的科研同事冒着风险提出了许多新想法。有些想法后来被证明是不可行的，于是逐渐消失了。还有些想法，比如软性膀胱镜检查（用细光纤来观察膀胱内部），已经成了标准操作。

有一天，约翰·威克姆和麦克·凯利特取得了突破。首先，凯利特借助 X 光将一根细导线插入患者的肾脏，然后用扩张器撑开一个足够大的通道，让微型窥镜（"腹腔镜"）通过。约翰沿着这条通道操纵腹腔镜，在肾脏上切开了一个小口，夹住结石，把它取了出来。与此同时，手术团队里爆发出一阵掌声——这是手术室里很少听到的声音。患者几天后就回家了，不需要在医院里待上几周才能康复。这个手术团队完成了英国首例经皮肾镜取石术，也就是通过一个小扁豆大小的切口，取出一块小扁豆大小的肾结石。这是一个重要的时刻。

从那以后，事情发展得很快。在接下来的几年里，威克姆和他的团队开创了一个在国际上不断发展的领域。凯利特之前就因为能够想象三维的解剖结构而闻名，他变得越来越擅长把导线和导管放置到难以触及的人体部位。格林格拉斯用工程学方法解决了威克姆面临的临床问题，比如如何用腹腔镜获得最理想的视角，如何放大和缩小画面，以及如何根据人体工程学原理设计手术器械。雷布尔德将这些新技术融入了手术室的工作流程里。

但是约翰并不满足于革新自己的泌尿科专业。在创造"微创手术"（后来常被称为"锁孔手术"）一词后，他意识到这种方法对整个外科领域都有巨大的影响，不过几年之后这种方法才被广泛采用。1987 年，他在《英国医学杂志》上一篇富有远见的社论中写道："普通外科医生还没有意识到腹腔镜的潜力，这似乎是不可思议的。"仅仅几年后，普通外科医生确实意识到了这种潜力，永远地改变了外科手术。从那以后，锁孔手术技术改变了一台又一台的手术，约翰的梦想成了现实。

创新的大师

没有多少人能像约翰·威克姆和他的同事那样，敢说他们彻底地改变了自己的领域。但是，本书中的许多专家都同样偏离了他们所接受的正统训练。大卫·欧文（David Owen）是一名魔术师，也是一名律师。他想到了利用魔术表演的技巧来帮助残疾的年轻人。在伊冯娜·法夸尔森（Yvonne Farquharson）的医院慈善机构的支持下，大卫与理查德·麦克杜格尔（我们在第 7 章提到过他）成了"呼吸艺术魔术协会"（Breathe Arts

Magic）的创始人。他们为偏瘫的儿童和年轻人举办了为期两周的夏令营。偏瘫，即身体单侧无力，通常是由出生创伤影响大脑所引起的。这些年轻人中的许多人都不会系扣子、拉拉链，因为他们无法协调地完成基本动作。他们经常感到社交孤立，在学校里困难重重，是同龄人眼中的异类。

大卫和理查德与职业治疗师合作设计了这些年轻人想要学习的魔术，这些魔术还能帮助他们增强身体的协调能力，增强信心。这个项目取得了巨大的成功。这些年轻人迷上了魔术，每次都要练习好几个小时。除了让硬币消失、让橡皮筋在空中神奇地跳跃以外，这些年轻的表演者还通过与观众互动、用眼神交流吸引观众的注意力，培养了自信心和社交技能。在参观一节暑期课程时，我发现，看到这些年轻人表演魔术，然后有生以来第一次独立打开一袋薯片，是一次让我难忘的经历。

威尔·胡斯顿是大卫·欧文团队中的一名魔术师。他也改变了自己的领域。尽管威尔从记事起就对魔术着迷，但他在获得机械工程学硕士学位之后才成为专业魔术师。我们在第 7 章讲到过威尔，他那时已经非常成功了。他是欧洲魔术锦标赛的冠军，在 2015 年成为魔术圈的年度近景魔术师。他能完美地完成八分钟的表演，能一周六天、每天晚上演两场。他创造了观众喜闻乐见的体验，让硬币和扑克出现或消失。他对我说，他所做的是魔术师应该做的，是其他魔术师想看到的，也是其他魔术师认为魔术应该做到的。虽然他已经成为一名完美的表演者，但他并不满足于魔术表演。他想要创造属于自己的魔术。

当时，威尔刚刚获得维多利亚时代魔术史的博士学位。他想挑战自己的观众，让他们拓宽思路，对真相与欺骗之间的关系感兴趣。于是他发明了一种新的魔术表演形式，讲述过去的魔术师的故事。在表演中，他让这些魔术师活了过来，亲自表演他们的魔术；威尔还增添了一丝悬念，半开玩笑地质疑了历史故事本身的真实性。

威尔是这样描述他的目的的："这种表演可能不会遵循传统魔术表演的模式，但通过结构上的改变，我创造出了我想看到的那种表演，这种表演体现了我对魔术的看法。"威尔不遵循其他魔术师的做法，而是重新定义了什么是魔术师。

近来，威尔和我一直在探讨如何用魔术的技巧来帮助理学、医学专业的学生把自己的工作当成表演。作为我的表现科学中心的常驻魔术师，威尔正在探索如何利用吸引和引导注意力的技巧来帮助医生和音乐家的工作。

再谈一谈科林的手术室里的弗勒尔。弗勒尔不仅要教外科医生如何缝纫，还要教他们如何观察。她花了很多时间和外科团队在一起，她注意到了一些外科医生自己都没意识到的事情。她艺术家的眼睛能看到器官的颜色、质地和坚实程度。她能注意到团队成员如何形成对彼此身体的意识，如何根据彼此和手术台上的患者调整自己的动作。她能看到有些外科医生对解剖面、器官、组织结构有着本能的同情心，能将它们分开而不造成伤害——另一些人则不是如此。她注意到外科医生能立即发现事情"不对劲"。

但是弗勒尔并没有把所有时间放在与外科医生一起工作上。她工作的很大一部分都是与纺织业的同事、其他花边纺织工和刺绣师，以及她的学生一起完成的。她想和他们讨论她在手术室的见闻，但她不想让血液和内脏吓到他们。她在最新的作品里表达了对医学的见解，她用的是自己最熟练的语言：纺织品。

弗勒尔最新的作品之一就是她的"纺织人体"（Textile Body）。虽然这件作品从外部看起来一点儿也不像人，但在它的木质盒子里，有着极其精确的解剖层次。弗勒尔邀请大家用手术团队的工作方式探索这些层次，将各组织结构分开，轻柔、小心地把它们拨到一边。弗勒尔为"纺织人体"选择了一些看起来或摸起来很像人体组织的纺织品。复古的网眼花边让人想起老年患者的皮肤。解开一些扣子，就会露出有疙瘩的黄色编织物：这就是腹部脂肪。里面还有更多的层次，薄膜代表了腹腔内的面。有些奇怪的结构会让你想到神经和重要的血管。弗勒尔的创作理念不是要让人从解剖学上识别这些结构，而是要在不造成损害的情况下摸索它们。体验者最后要做的一项任务，就是把针精确地扎进"纺织人体"深处的一个脆弱的网眼花边结构里。要找到这个结构，你必须像外科医生一样工作，仔细而准确地分开各层结构。就像在真正的外科手术中一样，你不能把那个结构拿到外面来——当然在外面操作更为方便。你必须向内去找它。

在"纺织人体"上操作，需要外科的技能与敏感性，但不需要外科知识。通过将外科与纺织品结合在一起，弗勒尔将两种概念框架、两种看待世界的方式融合在了一起。她把艺术和医学的思维方式结合在了一起，创造出了以前没有人想到过的东西。她打破了自己领域的界限，将该领域带向了新的方向。

如果没有花费多年时间成为专家，弗勒尔是不可能做到这一点的。然而仅仅经历那些阶段是不够的。要实现概念上的飞跃，弗勒尔需要走出自己领域的机会，并且拥有足够的洞察力去想象这些不同的世界能够如何联系在一起。

池塘里的涟漪

2014 年的"线条管理研讨会"就像我们往池塘里扔了一块石头，然后看着水面泛起阵阵涟漪。虽然很多参与者都是医学工作者，但这次活动的重点不是医学——而是线。因为艺术工作者行会不是一个医疗机构，外科缝合只是专家用线的一个例子。

那个房间里的许多人都比我擅长用线。他们对线的运作方式有着更多的认识、经验和理解。这是很自然的事情，处理缝合线只是外科医生工作中的一小部分，但却是纺织艺术家或木偶师的主要工作。一旦重新确定了活动的焦点，传统的贵贱之分就不复存在了。我们不是在讨论给生病的孩子做手术与钓鱼、木偶戏相比孰轻孰重。就像约翰·威克姆和他的创新团队一样，每个人都做了不同的贡献，但价值是相同的。

你必须首先成为一个专家，然后才能像弗勒尔、约翰·威克姆和威尔那样改变方向。这条道路没有捷径。你必须付出多年的艰苦努力，应对起伏成败。正是这些经历让你成为现在这样的专家。你必须证明自己的能力。但是，只要你的内心深处经历了这个过程，你就拥有了做出改变所需的技能。接下来就是想象力的问题了，从如何成为专家回到为什么成为专家的问题上，去寻找你工作的意义与目的。这会让你质疑作为专家的意义，为什么这件事对你很重要，以及你将如何把自己的知识传递下去。这就是下一章的主题。

第 11 章

传承技艺

　　我正在教一群全科医生如何做简单的外科手术，我和迈克尔遇到了一些问题。当时是 20 世纪 90 年代初，我刚从外科转行到全科，并开办了最初的系列教学课程。迈克尔是一个经验丰富的全科医生，但他似乎不明白我给他展示的东西。我在给他讲解用手术器械打结的方法。他看上去有些笨拙，我不明白他为什么做不到我要他做的事情。我又不是在教他做什么复杂的事情——不过是任何医生都应该会的小事。

　　在我与人合伙开全科诊所不久之后，我开始教家庭医生做"小手术"。当时，政府鼓励全科医生去做这种工作。这些手术大多数看起来都很简单，比如在局部麻醉下切除肿块和结节。但是全科医生通常少有或根本没有手术经验，所以事情并不总是顺利的。有时，他们没把切除的肿块送到实验室做分析，导致皮肤癌被漏诊。有时他们的切口很大，难以缝合，造成难堪的疤痕。有时他们会选择完全不合适的治疗方法。由于我有外科经验，所以我被人邀请为英国开发一个由政府资助的培训项目，这个项目也得到了英国皇家外科与全科医学院的支持。我们与医疗模拟产品公司 Limbs & Things 合作，共同开发了这种肿块与结节的乳胶模型，这样全科医生就能在不伤害真人的情况下练习这种手术了。我还设计了一门为期三天的课程，在英国各地的教学中心授课。

像迈克尔一样，很多参加这些课程的医生都遇到了困难。尽管他们中的大多数人都比我了解全科医学，但他们似乎连最简单的动手操作都不会。他们会用错误的器械来持缝合针。他们很难用线打一个牢固的结。他们不会在不造成损伤的情况下使用解剖钳。起初我不能理解这种情况。我知道这并不是因为他们很笨拙、愚蠢或不感兴趣——远非如此。

后来我意识到，这是因为从没有人教过他们这些看似简单的技能。他们在上学或做实习医生时见过的外科医生都非常专业，让一切看上去都很简单。我突然意识到，有一种知识，专家以为人人都懂，但不是专家的人却不知道这种知识的存在。迈克尔根本不是在为简单的问题苦苦挣扎。这件事对我来说很简单，只是因为我知道该怎么做。对他来说并非如此。我和他的理解之间有着很大的差距。

穿越"隐篱"

我要用一个来自园艺领域的比喻来说明教师和学生之间的差距。在许多 18 世纪的乡村庄园里，大房子和花园都建在开阔的草地上，其间还有许多动物。"隐篱"这个奇怪的词，指的是花园与周围草地之间的一条深沟。牛群和鹿群似乎就在花圃旁边，制造了一种房子就建在野外的错觉。但是动物绝不会吃到花朵——因为它们够不着。从周围的绿地看来，深沟垂直而陡峭的砖墙是显而易见、无法攀爬的；但从房屋那边来看，隐篱却是看不见的。

作为专家，我们就在屋子里，观赏着草地一览无余的美景。当我们看到一个远处的新手时，会觉得他们似乎没有任何理由不能再走近一点，到我们身边来。但是新手在草地上，从那里到房子之间有着不可逾越的鸿沟。在我教迈克尔如何打外科结时，他就在草地上，而我在屋子里。

在成为专家之路上走到这里，你已经完成了熟练工到大师的转变。你已经经历了所有的阶段，到达了你领域的巅峰。你已经成为专家，现在你想把你学到的知识传递下去，但这往往比你想象的难得多。你必须做出另一个转变，这次你要从自己动手做事转变为帮助别人做事。这是所有教师都在努力去做的事。我教的学科是外科技术，但对于教授新计算机程序、运动或语言来说，也是如此。你怎样才能在隐篱上搭建桥梁呢？

对于迈克尔，他从意想不到的地方得到了帮助——音乐的世界。一天，在那些小手术课程的间隙里，我跟着索菲·耶茨（Sophie Yates）上了一节羽管键琴课。我向索菲学习已经有20多年了，从各种意义上看，她都是一个不折不扣的专家。她是一位杰出的演奏家，在世界各地举办音乐会。她是个唱片艺术家，发布了许许多多的作品。她经常在广播电台上谈论她对早期音乐的热爱。她还是一个专家级的教师。

　　这次与她上课的时候，我在努力练习法国巴洛克作曲家弗朗索瓦·库普兰（François Couperin）的一首组曲里的装饰音。库普兰的作品非常注重细节与准确性，注重颤音的位置和音符的间隔。索菲的教学也很注重细节——而不是像"增强表现力"或"舒缓节拍"这样的模糊指示，而是我可以做的具体事项。她向我展示了弹奏的时机、细节与手指位置的细微变化，这些变化能产生巨大的影响。

　　在琴键前，我弹奏了那一段我一直不得要领的旋律。索菲听完后，让我再弹一遍前几小节。她能听出问题出在哪里，但我听不出来，于是她试了几种方法。她描述了她想听到的音乐，但我不明白她的意思。然后她自己演示了一遍那个小节——现在我能明白她的意思了，也听出了其中的区别，但我自己还是弹不出来。索菲试了几种方法，都没有成功，她把手放在我手上，对我手腕的角度做了轻微的调整，突然一切都变得非常顺利了——这是一种无法用语言表达的、身体上的解决方案。

　　索菲找到了一种方法来消除我的困难，找到我的问题，并帮助我解决问题。在我看来，这就是"传承技艺"的精髓。传承技艺是一种交流、一段对话，不是单向的过程。索菲用她几十年的经验找到了当时对我来说最重要的东西。当然，她必须知道如何弹奏这一段音乐，但也要知道如何把方法传达给我，如何找到达成理解的关键点。这件事的重点不在于她向我展示一些她能做而我不能做的事。那对我的学习没有帮助。这件事的重点是，我——她的学生，在学习的早期阶段遇到了困难。我意识到，我作为全科医生的教师时所做的事情，正是索菲对作为学生的我所做的事情。索菲和我都已经成为我们各自领域的专家，而我们现在都在设法传承技艺。

很长一段时间以来，我把音乐看作对工作的调剂，从没想过学习音乐和学习外科之间有什么相似之处。然而，如果你把学习的方式（而不是学习的内容）作为焦点，这些不同的例子就成了一回事——专家级的教师在设法帮助学习者去理解、去做事。这种交流不能仅通过书籍甚至图像来实现。这种交流发生在你与另一个人的身体，以及周围的物质世界之间。专家级的教师会通过示范、强调当时对你来说至关重要的事情，来揭示那些难以言喻的事情。教师必须找出他们和学生试图解决的问题。

我曾试图揭开索菲的秘密。当然，她和本书中所有的专家一样，都经历了相同的过程。她也曾积累经验，做过枯燥的重复性工作。她花了多年时间练习音阶、学习乐理、完善演奏技巧，掌握各种乐曲，研究自己领域的历史。

在教学的时候，索菲会首先找出一件学生觉得困难的事情，然后着手解决这个问题。她解决问题的能力是不可思议的。有时学生的问题在于难以理解音乐的结构，有时则是技术问题，如一只手的角度、手指的细节需要细微的调整，有时甚至只是需要坐得离琴键更近一些。有时问题则更宽泛，如需要另外选择不同的音乐。

最重要的是，索菲会倾听。然后她会把倾听转化为行动。在我们的课上，她会用一种独特的方式关注我的演奏，这种方式是我做不到的，因为我"当局者迷"。她能注意我弹错的音韵和分句的细节，因为我还在纠结于演奏的技术层面。我关注的重点是在正确的时间以正确的顺序按下正确的琴键。索菲不只听到了我弹奏的音符。她还听到了音符之间的间隙，音乐需要呼吸的地方。她会发现我有困难的地方，并指出我没有发现的问题。她专家级的耳朵能听到我没觉察到的东西。

处理技术问题是索菲和我的出发点，因为我认为那是我的问题所在，也是我认为我需要帮助的地方，但索菲的视野比我更宽广。她能注意到一些超越技术困难的东西——我的自信、练习和演奏的方法。她引领我穿过她曾走过的，但我还没去过的地方。我知道她用了多年时间经历我在本书中描述的那些阶段，现在她在用那种经验来帮助我。

阿兰·斯皮维（Alan Spivey）是一名合成化学教授，他是我在帝国理工学院的一位同事。他也是这样教他课上的学生的。他们会花很多时间学习事实与理论。他们也会通过"实践课"来学习实验技能与技术。他们必须一丝不苟，详尽无遗地注意并记录他们做的每一件事。在学习新的化学反应时，细微的改变可能决定成败。但是，技术上的正确只是问题的一部分。随着学生越来越有经验，他们会设计并进行自己的实验，来制造和测试新的化合物。

对阿兰来说，一名合成化学家要把实际工作与对分子结构和反应性的理解结合在一起。他可以着眼于分子结构上的细节，也可以放眼于实验设计的影响。不是人人都能做到这一点。阿兰说，他的学生并不总是能把实验室里学到的东西与他们的理论知识结合起来。他会试着让学生按照他的方式来思考——在他们成为科研工作者的过程中"像化学家"一样思考。这是一个漫长的过程，并不是所有学生都能做到。许多人在这个过程中都会陷入困境。

摆脱困境

"门槛概念"是思考这个过程的有效方法。根据这种理论，学习不是一帆风顺的，而要经历不同的阶段，每一阶段都有一个加深理解的门槛。这就需要你定期重构自己现有的知识，学会像专家级的音乐家、科学家、医生或工匠一样思考，而不仅仅是做他们所做的事情。但在此之前，你会在一段时间内纠结于"困难的知识"——你可能对这些信息有些零散的理解，但不能将这些理解组成一个连贯的整体。有时你可能会觉得自己陷入了"困境"。

有些人可能会一直待在困境里。在我刚上医学院的时候，当时我的家庭医生就是如此，他总是记不住脖子里的那些小东西的名称。我在第 3 章说过，我曾试图抛接五个球，当时我也遇到了这样的事情。我们俩都知道我们要做什么。玩杂耍时，我懂得其中的物理原理，知道手应该放在哪里，但我没有掌握做的方法。我现在依然没摆脱那个困境：我了解各种要素，但各要素无法结合在一起。我认为这种现象比我们意识到的要普遍得多，因为大家可以在没有充分理解的情况下表现出很高的专业水平。记不住脖子里的小东西，并不会影响我那位医生照顾患者的能力，但那是一个需要他绕开的盲点。一个学生已经有了一些能力，但还不能把各种知识融会贯通，在这种情况下，教师是无价的。

对阿德里安来说，抛接五个球就像我后来抛接三个球一样简单。但不知什么原因，我无法完成他经历的那种转变。这在一定程度上是我的原因。我没有投入足够的时间，来协调自己的身体。然而，阿德里安自己可能从没有经历过那种困境，因此不能指出那些让我感到困难的知识，帮助我摆脱困境。这就是我在全科医生的小手术课程中给迈克尔授课时遇到的困难。我不明白他为什么做不到我演示的东西，所以我想不出解决方案。

简·迈耶（Jan Meyer）和雷·兰德（Ray Land）提出了"门槛概念"，他们谈到过整合尚未联系在一起的元素有多困难。一旦你跨过一道门槛，继续前进，一切都会变得井然有序，你也会体验到一种不同的认知方式——直到你遇到下一个门槛为止。你需要帮助才能做到这一点，这就是教师的作用。有趣的是，一旦你跨过门槛，那种新的认知方式带来的不适感就会迅速消失。这就是为什么有些教师似乎不能理解学生的困难。这些教师已经不再为学生所面临的困境而苦恼了。

裁缝约书亚已经成了一位专家，所以他可以回过头来看看他的老师，看看哪些做法有用，哪些没用——然后将这种经验应用到他与学徒的互动中。制作裁缝罗恩是约书亚的第一任师父，他技术精湛，但不是一个高明的教师。他坚持模仿教学法，让约书亚模仿他做的每件事，却不解释为什么。罗恩很难容忍别人提问，如果约书亚问他为什么要用某种特定方式做事，他就会受到冒犯。他总是批评而不给予支持。虽然批评很重要，但罗恩不愿解释自己的理由，这意味着约书亚在很长时间里都不知道自己做错了什么。

约书亚的第二任师父是剪裁裁缝亚瑟。亚瑟与罗恩完全不同。他有一颗好奇心，希望约书亚也能如此。他不吝惜自己的时间，把自己的手艺基础倾囊相授，让约书亚变得自由、独立。亚瑟相信循序渐进地赋予责任，才更有利于学生的进步。他只在他认为对学生有帮助的时候才会批评。大多数情况下，他会指出约书亚作品里的积极方面。在他真的提出负面批评时，约书亚就会意识到他批评到了点上。最重要的是，亚瑟把设计与制衣的原则教给了约书亚，并给了他展翅高飞的信心。

与经验不如你的人分享你的专业知识，是另一种"从你到他们"的转变，不过这种转变中的"他们"，指的是学习者而不是观众、顾客或患者。有时这个过程的重点在于教学技巧或流程，以及解决阻碍进步的困难。有时重点在于鼓励学习者在人人都会遇到的困难时期坚持下去。还有时候，重点在于帮助他们应对意想不到的事情、纠正错误、培养自信或决定职业道路。我们很容易看到这种教育、辅导和激励他人的能力，但很难给出定义。

回到我的小手术课程上。我当时在努力向全科医生解释一些我知道但难以用语言表达的东西。我试图讲解，用文字描述器械与技术，但那不管用。即使做演示也不能解决问题。对于像迈克尔这样的人来说，只有在实践课中，问题才会得到解决。在这种课上，我可以看到每个人遇到的困难，并想出如何帮助他们。我尝试了几种不同的讲述和演示方法。我通常需要试过几次才能找到有用的方法。

这些医生中的许多人选择做全科医生，是因为他们在上学或做实习医生的时候不喜欢外科。也许正因为如此，指导他们的外科医生没有确保他们掌握外科手术的基本知识。那些更加资深的医生已经跨过了"隐篱"，不再记得那些乱七八糟的手术器械（如持针器、动脉钳）有多让人困惑。这些器械看起来很相似，但用法完全不同。如果你用动脉钳去持缝合针，针就会在动脉钳的凹槽里旋转，你既夹不紧针，也不能做精准的缝合。如果你用持针器去夹流血的动脉，你就会夹碎血管组织，造成严重的损伤。没有人会告诉你这些。他们只会觉得你应该知道。可是如果从没有人给你讲过这些，你怎么会知道呢？

在我讲授小手术课程的时候，我没能传达那些学习者需要的知识。因此，他们和我都开始感到沮丧。然后我试了试索菲的办法。当我看到有人不会打结或难以控制缝合针时，我就会把手放在他们的手上，向他们展示手腕角度的微小变化如何带来巨大的改变。一旦感觉到了不同，他们就明白了。

"两匹斑马招惹了我的猫"

经历过成为专家的各个阶段，并不意味着你能记起当时的情况。成为一个专家并不意味着你可以做别人的老师。如果他们自己没有完成其中的一些步骤，你就没法把自己的经验传递给他们。要让自己回到"隐篱"的另一边，还需要洞察力、想象力、共情能力以及谦卑。

在我职业生涯刚刚开始的时候，我在母校曼彻斯特大学当过解剖学助教，当时我就有过这种体会。没有人向我解释作为助教应该如何教学，所以我必须在工作中学习。当时我已经取得了医师资格，并且在医院里当了一年实习医生，为照顾病房里的患者忙得不可开交。教授解剖学算是一个不错的改变。其一，我不用照顾患者，这意味着不用一整年随叫随到。其二，我再也不用半夜被呼机吵醒，去重新插静脉滴注套管、疏通导尿管。

但是学做解剖学助教很难。系里的学者认为我"只知道"如何教书，但其实我连这都不懂。我每周都要带领四组学生学习人体的同一个部位。每组学生都有自己要解剖的尸体，他们会利用上午或下午的时间解剖尸体。虽然我自己的关注重点是我正在复习的外科考试，但我知道我在系里的主要任务是给一年级的本科生教学。我的外科考试中要考的大部分内容都与他们无关，我必须避免用过多的细节把他们搞糊涂。我的任务是"展示"，向他们展示作为医生需要知道的东西，做一个向导。

做向导并不仅仅是传授解剖学知识或解剖技术，还要理解学生的问题。在这个过程中，我找到了我作为解剖学教师的"声音"。我试着站在他们的角度思考问题。这并不难，因为我的解剖学知识只比他们强一点。于是我分享了一些我觉得有用的东西，比如我在学生时代学到的有趣的记忆法。有些记忆法一直留在我的脑海里，就像登山袜里残留的刺果一样。虽然我现在很难单独回忆起面神经的五个末梢分支——颞支（temporal）、颧支（zygomatic）、颊支（buccal）、下颌缘支（marginal mandibular）、颈支（cervical），但我从没忘记它们的首字母组合在一起的顺口溜"两匹斑马招惹了我的猫"（Two Zebras Buggered My Cat）。

我发现，作为一名教师，最大的挑战之一就是决定不指出哪些错误。喋喋不休很容易让学习者不知所措，所以说得越少越好。教学的艺术在于找到一两个需要改进的地方——学习者可以努力的地方，然后剩下的问题改天再说。索菲在她的羽管键琴课上就是这样做的。她从不关注显而易见的事情，如不熟练的音阶或者弹错的音符，因为她知道这些问题可以以后改善。相反，她会指出一些我没有注意到的问题。

剪裁裁缝亚瑟就是这样教约书亚的。他不关心小问题，也不关心能轻易改正的错误。他关注的是约书亚对剪裁原则的掌握。

每个有经验的教师每次都会专注于一件可以改善的事情。他们每个人做这件事的方式，都既能帮助学生进步，也能帮助他们建立信心。他们每个人都表现出了关心。

很久以后，我开始熟悉列夫·维果茨基（Lev Vygotsky）的著作。这位苏联心理学家的理论对我的学习方法产生了深远的影响。维果茨基于 1934 年去世。几十年来，他的著作在西方的影响相对较小，但在后来的许多年里，他关于社会建构主义的思想越来越有影响力。"最近发展区"就是他提出的概念之一。这个理论认为，任何学习者来学习的时候，都有已经会做的事情。与此同时，还有些领域是他们完全不会的。在这两种事情之间，还有些事情是他们可以在专家的帮助下做到，但无法独立完成的。这就是最近发展区。此时教师的角色是至关重要的，即在他人需要的时候给予支持，在他们不需要支持时懂得后退一步。在练习某些已经掌握了窍门、只需要更多练习的事情时，没有人喜欢别人一直在旁边盯着他们。老练的教师会提供临时的"脚手架"，就像在修建摩天大楼一样。一旦建筑物足够坚固，能够承受自身重量，脚手架就可以拆除了。

当索菲调整我的手在琴键上的位置时，就是在我的最近发展区内教学。她给了我一种新的见解，让我可以自行理解。在我做解剖学助教时，以及后来教全科医生做小手术的时候，都是在最近发展区内与学生相会。当我和其他医生观看彼此的问诊录像时（第 8 章），我智慧的导师克莱夫也做了类似的事情。无论你在哪个领域内学习，有人在你的最近发展区内提供支持是至关重要的。学会认清学习者最近发展区的边界，也是传承技艺的一部分。

在剪裁裁缝亚瑟即将退休的时候，他鼓励约书亚承担更多的责任。有一天，他说："下一个新顾客来的时候，就由你来负责。"在与这位新顾客初次见面后，约书亚就为下次试穿约好了时间。但到了那个时候，这个人进店就说，他需要尽快做好这套西装，因为他准备穿这套衣服参加一个重要的家庭活动。这时，约书亚希望亚瑟能把这单任务接过去，但亚瑟没有这样做。相反，他说："既然这样，你最好加把劲儿，不是吗？"说完，就让约书亚去干活了。亚瑟估计了约书亚最近发展区的大小，给了他在压力下工作所需的信心。亚瑟懂得如何放手。

作为教师，你不可能永远掌控一切。到了某个时间，你就必须放手；一直手把手地监控别人是帮不了他的。你不能一直告诉别人该怎么做，你不能强迫他们按照你的方式做事。你必须允许你的学生或团队成员犯错，允许他们为自己的错误承担责任。这是他们学习的方式。传承技艺需要你在别人需要的时候出现，不需要的时候退到一旁。

地图与向导

那么"传承技艺"意味着什么？在你成为大师之后，开始为其他人的学习负责的时候，成为专家之路的最后一步又是什么？在我看来，这最后一步就是成为向导、导师和教练的结合体。我会用地图的比喻来解释这一点。

在你成为专家的过程中，你需要一些帮助才能找到方向。在积累的早期阶段，你需要在具体任务上得到指导。这就是你在做学徒时的情况。这就好像你在城市里派送包裹，需要使用手机上的卫星导航系统一样。你要从你现在的位置前往目的地，而这个系统会告诉你怎么走。它不会要求你思考，而是要求你按照它的指示去做。你的耳机里会有个声音说："两百米后左转。"如果你严格按照指示前进，就几乎肯定会到达正确的地方。但是，你不知道你的前进路线与更广阔的环境之间的关系。此时，这并不重要——只要你做了别人要你做的事，你就达到了别人对你的期待。

约书亚在做袋盖的时候，法布里斯在清扫美发店地板上的头发时，以及我在采血的时候，我们都在按照指示行事。我们都在使用自己的卫星导航系统。没有人在乎我们是否了解全局。他们只想让我们完成他们交给我们的任务。我们的师父会检查我们是否在做他们指定的任务，但仅此而已。

后来，当你更了解工作的时候，卫星导航的指示就不够了。你需要一幅地图。你意识到了自己要去哪里，你意识到有不同的路线都可以通向那里。对于现实中的旅行，你可能会先看看道路地图，然后大致标出路线。当你在国内旅行的时候，这样可以帮你选择路线。我在学医时见到的都是这样的"地图"，其中列出了我需要记忆和参考的标准信息。但是书中那些关于解剖学、生理学、疾病及其治疗方法的详细信息，起初似乎有些不着边际，与我在现实生活中遇到的任何东西都没有关系。约书亚也有同感，直到他做的袋盖成为西装上衣的一部分之后，才有了意义。

起初，我接触的信息像是乱糟糟的沼泽，我分不清哪些是重要的，哪些不是。这就是讲师、导师和解剖学助教的工作了。你需要一些帮助来检查你的前进路线是否正确。

一旦你踏上旅程，更详细地观察地形地貌是很有帮助的。你需要放下道路地图，参考地形测量图。地形测量图标出了丘陵、河流、建筑物和田野，以及道路和小径。你要应对各种没在地图上标出来的东西——新修的建筑、改变的阶梯和栅栏。你要与坏天气、迷路、疲惫和其他越野旅行的挑战作斗争。你必须一边走一边应付这一切，把地图上的知识和你在路上发现的东西结合起来。

制作地图的人并不一定是使用地图的人，他们并非总能给你需要的信息。熟悉一个地区的、有经验的旅行者需要的环境细节信息比新来的人少得多。这就导致他们画的草图非常令人恼火，只有了解这些绘图人是怎么想的，这些地图才有意义。如果你错过了一扇门、一道阶梯，或者拐错了一个弯，你就脱离了地图的指引，缺乏必要的信息帮助你辨别方位，找到正轨。

此时，指南或操作手册可能很有帮助，但撰写这些指南的人经常对读者的知识怀有一些假设。我最近读到的一本旅行指南说："穿过下一片田野，走向一棵山毛榉树下的花斑马。"作者一定误以为他那天看到的景色是固定不变的。

以为别人知道你脑子里的东西，是一个人们很容易犯的错误。那些因为学生不得要领而恼火的老师就是这样的。事实上，了解并适应学习者的知识和理解水平是教师的责任，教师不能从自己想教的东西开始教起。在这种情况下，学生需要的不只是一幅地图或一本旅行指南。你需要一个做向导的人。

当你沿着道路前进的时候，你会经常发现手上的地图不管用。在我成为全科医生的过程中，我的大部分"地图"都是没用的。作为一名外科医生，我花了多年时间治疗那些被别人分好类的患者，他们的问题都被定义为"外科问题"。突然间，我成了全科医生，成了患者的第一个求助对象。我不仅要回想起十年前在医学院学过，但很快就忘记的东西，还要在新的领域里找到自己的方向。

有时我的患者病得很重，需要立即接受治疗。那时，我心里反而感到很踏实。但在更多的时候，他们有一些常见的、自限性疾病，这些问题并不严重，会自行好转。一开始我很难分辨两种疾病的区别，而且常常反应过度。我会把我从没见过的简单问题当作需要转介的疾病。然而在许多情况下，我完全不知道怎么给我的患者分类。他们会说"医生，我不知道是怎么回事，只是觉得不舒服"或者"我总是觉得很累"这样的老生常谈。我不知道问题出在哪里，他们也不知道。我很难分辨诊断信号与噪声。我带来的地图没有任何借鉴意义。我需要一个向导。

向导已经走过了你所走的道路，他们知道会发生什么。如果你偏离了正确的方向，他们会提醒你，并告诉你如何返回。做外科医生时，我的向导就是我的上级顾问医师、我实践社群里的医生，以及帮助我学习的护士和其他专业人士。但是，尽管向导有责任确保你到达你说过你想去的地方，但他们的责任也仅限于此。只要你安全地到达目的地，他们的任务就结束了。到达目的地之后你决定做什么，或者接下来去哪里，都不是他们关心的问题。对于这些问题，你需要的不只是一个向导。你需要一个导师，甚至是一个教练。

到目前为止，我一直在谈论旅行，就好像目的地已经确定了一样。但随着你独立自主，从学徒变为熟练工，再变为大师，你必须做出很多决定。除了做出"从你到他们"的转变，找到自己的"声音"，你还必须选择去往哪里。此时你需要一个关心你的人。导师正是这样的人。在我成为一名全科医生培训师的时候，我很幸运能有这样的导师，也很幸运能遇上我的培训师克莱夫。这就是约书亚师从亚瑟——鼓舞他的剪裁裁缝时所体验的感受。我见过的所有专家都讲到过这样的经历。传承技艺远不止是提供技术或操作流程方面的培训。传承技艺意味着在学生走上你曾走过的道路时，给予他们照顾与支持。

然而地图从来不是中立客观的，它们呈现的是制图者想要告诉你的东西，而不一定是你需要知道的东西。好的导师会教你对地图保持怀疑的态度，用自己的判断来解读地图。经济学家 E. F. 舒马赫（E. F. Schumacher）在他 1977 年出版的《解惑：心智模式决定你的一生》（*A Guide for the Perplexed*）一书中讲述了他在冷战时期使用地图的经历：

> 几年前来列宁格勒的时候，我查了查地图，想知道我在哪儿，但我却查不出来。从我站立的地方，我能看见几座巨大的教堂，然而我在地图上却找不到它们的踪影。终于有一位翻译来帮我了，他说："我们

不把教堂标在地图上。"我指着一个明显的标记，对他的说法提出异议。"那是一座博物馆，"他说，"不是我们所说的'活教堂'。只有'活教堂'不会被标出来。"

然后我想到，曾经有人给过我一张地图，上面没有显示我眼前看到的许多东西，这种事不是第一次发生了。在中学和大学里，我一直得到的都是生活和知识的地图。在这些地图上，几乎找不到我最关心的、对我的人生来说可能是最重要的东西。我记得许多年来，我一直百思不得其解，却从来没有翻译前来帮我。直到我不再怀疑我的感知，转而开始怀疑地图的可靠性，我的困惑才开始消解。

出乎意料

回到迈克尔的小手术课上。他突然明白了我的意思。他的手稍稍动了一下，事情就恢复了正常。现在他会打结了，能够让缝合部位保持恰到好处的张力，但他还是觉得这比我想象中的难。在一次喝咖啡的休息时间里，我问他觉得问题出在哪里。

他告诉我，他从小就笨手笨脚，但他认为他就是这个样子。直到最近，他才做了一些测试，结果表明他有轻度的运动障碍（一种发育性协调障碍）。我根本没想到，迈克尔在使用器械和打结方面的问题可能有潜在的身体原因。我意识到，传承技艺不仅是告诉别人你知道的事情，或者向他们展示你能做的事情，而是要设身处地为他们着想，在他们成为专家的旅途中与他们同行。传承技艺的重点不在于我这个老师，而在于迈克尔和他的需求。

在最后一章，我会提出这个问题：为什么专家对于我们所有人都很重要？

学徒　　　　　　熟练工　　　　　大师

传承技艺

积累

运用感官　　　"重点不在于你"

找到自己的声音

空间与他人

第 12 章

专家的重要性

　　我发现我的房子受潮了，于是打电话给理查德，他是一个朋友推荐给我的专家。理查德听我讲完我的问题，然后在地下室里走来走去，检查墙壁和地板。他掏出一个仪表，测量了一下读数。整理好思路后，他概述了他认为的问题，提出了一些可能的解决方法，并推荐了他认为最好的选择。让我颇为惊讶的是，这种选择竟然是比较便宜的一种。

　　我问理查德，他是如何决定该提什么建议的。他解释说，他在这一行干了将近 40 年，维修过许多像我家这样的房子。类似的问题他见过许多次，尝试过各种各样的解决办法。虽然近来出现了一些新的材料和技术，但他觉得保守的方法对我的问题来说是最好的。虽然不能确定，但他相信自己的建议能解决问题。如果问题没有解决，我们还可以探索其他途径。我们决定就这么办。

　　尽管我朋友说理查德非常优秀，但当时我没有直接的证据证明他的技术水平。我和理查德的关系是人与人的关系——他是他领域里的一个专家。理查德先是发现了我的问题。接下来他并没有只考虑仪表读数，也没有追求短期利益。相反，他运用了自己的经验，提出了一种我们俩都赞同的方法。我相信他和他说的话。理查德做的事，就是我作为医生、约书亚作为裁缝所做的事，以及本书其他专家所擅长的事。

专家说的话

我们都需要理查德这样的专家，因为我们依赖他们的工作。当我们遇到问题的时候，我们需要专家来解决问题。我们生病时，需要医生。我们乘飞机时，需要飞行员。我们的地下室有问题，就需要专家来处理潮湿的问题。然而，现在有关专家的论调常常让我生气。在最后一章里，我会解释为什么。

我经常听说有人认为专家无关紧要——他们在瞬息万变的世界里不再有价值了。我听说专家被认为是无用的精英。然而事实远非如此。在生病时、乘飞机时、屋子受潮时，我们都会意识到这一点。

然而专家提供的服务只是他们重要性的一部分。成为专家是做人的核心。我们最终是否成为专家，是否能得到同行和更广阔的世界的认可，这并不重要——重要的是，无论我们努力实现什么目标，我们都要精益求精。不管我们的兴趣是什么，花上多年时间去做一些有价值的事情，能够满足我们的一种深层需求：让自己沉浸在比自身更伟大的事情里。

在本书中，我记录了成为专家的内在过程。比起"专长"的陈述性知识或者子技能，很少有人写到这些内在过程。这在一定程度上是因为知识和技能更容易被展示和测试。然而，这也是因为，专业人士很容易忘记自己在成为专家的过程中经历的阶段。不管当时有多艰难，那种"成为"专家的过程很快就会消失在视野中。但是这种经历却无比重要，弥足珍贵。成为专家就是要把我们的精力输送到有目的、有意义的事情上；就是要发挥我们所有人都有的潜能，做出一些超越平凡人的日常生活的事情。

成为这样的专家，需要你改变自己，这种改变不仅在于你有多少知识，能做什么事情。在本书中，我区分了专注于过程的知识（管道工、裁缝或外科医生的技能和程序性知识）与内在的转变。成为专家涉及你与自己的工作、你工作的受众及所接触的人之间的关系。成为专家让你能够处理濒临崩溃的脆弱工作对象，判断什么时候应该行动；什么时候应该克制自己，允许别人放手做事、犯错，因为你知道他们必须吸取教训。

我相信我们都有能力成为专家，不管我们承认与否。当然，不是每个人都会成为在全球演出的钢琴家、外科的先驱者、著名雕塑家或者获得诺贝尔奖的科学家。大多数不想成为这样的人——做一个诺贝尔奖得主，就要把一生奉献给科学。但是我们都走在同一条路上，都在做我们关心的事情，而且我们都可以做得更好。对于任何加入篮球俱乐部、给同事做报告、学习外语、参加陶艺班或制作电子表格的人来说，他们都能与本书中的观念产生共鸣。成为专家就是要认识到自己的潜能，并让它成长壮大。就像深海洋流一样，成为专家可能不会表现在外表上，但这个过程的影响是深远的。

虽然很明显我们需要专家，但我们经常认为他们与我们完全不同。我们忽略了这样一个事实：我们每个人都可以成为专家，或至少朝这个方向前进。虽然书中的标本剥制师、裁缝和魔术师看起来有些不同寻常，但我们都可以在自己感兴趣的领域，力求做到他们所做到的事情——尽管我们达到的造诣深浅不同。然而我们往往看不到这些专家的经历与我们自身的体验有何相似之处。我们不认为他们是我们可以成为的榜样。

本书中的所有专家都有一个共同点：他们所做的事情对于他们的身份来说至关重要。这不意味着你只能在自己的主要工作领域里成为专家。你所热爱的东西可能会被别人不屑地称为一种"爱好"，但许多人在爱好上比在工作上更专业。

成为专家并不取决于社会如何衡量你工作的价值，因为社会是变幻无常的。这也不是名誉或金钱的问题。相反，重要的是你选择的道路。如果你正在经历本书中写的这些阶段（我相信我们都是如此），那么你就在成为专家，无论你是管道工、飞行员还是业余画家。

我已经尝试让大家对这条道路产生一种真实的感觉。这不是一个稳步上升的过程，更像是一条艰难的山路。你可能要向下走一段路，绕开一些障碍，然后才能继续向上。当你觉得自己停滞不前或倒退的时候，你会经历惨淡的时期。坚持下去需要信念与毅力，你要意识到这条路的大方向是向上的。成为专家需要时间——许多时间。

我希望这本书有助于反驳这种观点：所有事都可以一蹴而

就。我知道，网上有些课程声称能在一个月内教会你说一门语言、弹奏一种乐器或成为一名投资银行家，但这些短暂、浅尝辄止的经历不能代替长期的投入。你不可能在一个月内掌握吉他，因为掌握没有终点。你可以开始，但你永远不会走到终点。这就是成为专家的魅力所在。

即使在我们这样一个快速变化的社会里，有些东西仍然是不变的。我们需要专家带我们去世界各地，在我们生病时治疗我们，在我们出错时解决问题，创造美好的事物并激励我们。当然，具体的事物会发生变化。我们认为理所应当的事物会过时。在今天的大部分情况下，我们不再在暗房里冲洗照片，不再用手动打字机，不再发电报，所以我们不再需要这些领域的专家了。现在我们有不同的方式生成图像、远距离交流、书写文本。很快，这些也会改变。然而，未来的发展会像过去一样需要专家——随着世界越来越错综复杂，情况更是如此。机器人、人工智能、新能源、资源的负责任管理——所有这些都将依赖于专家。这些专家必须像今天的标本剥制师德里克、木版雕刻师安德鲁和裁缝约书亚一样，怀着同样的使命感专注于自己的技艺。尽管他们的领域可能大不相同，但这个过程会保持不变。

毒素与养分

成为专家的机会应当是我们不可剥夺的权利之一。这样我们才能发挥我们生而为人的潜能。然而，这种缓慢的过程与即时满足的需求是格格不入的。越来越多的人认为,任何人可以学做任何事——而且很快就能学会,但事实并非如此。要成为专家,就需要在一件事上投入远比平常更多的时间。当然,仅靠坚持不懈不会自动让你成为专家,很多人一直在做同样的事情,但并没有进步——就像我学杂耍一样。

就像任何有机的过程一样,成为专家需要养分。这包括指导和鼓励,犯错,花时间与你的工作对象、工作时接触的人在一起,允许自己的个性逐渐展现出来。我已经讲述过你成为学徒、走上这条路时的情形。我也讲过一些专业领域里的人的故事,他们的职业生涯似乎是在进入他们的工坊、工作室或美发店后才开始的。但是大背景无处不在。整个童年,我们一直沉浸在感官的世界里,体验着世界和周围的人。无论是在家还是在学校,我们都在内在的信息库里积累大量感觉、知识和技能,我们日后会在这个基础上不断发展进步。我们需要体验视觉、听觉、触觉、嗅觉和味觉;需要和其他人一起工作;需要与他人共处一个空间,在自我和他人的意愿之间找到平衡。成为专家是我们人生故事的一部分,这个故事从我们出生时就开始了。

然而,在世界上的许多地方,包括英国在内,成为专家的条件受到了威胁。这些威胁包括使一切加速的无情压力、学校课程的缩减,以及从成本、收益的角度看待一切、将短期利益置于长远价值之上的新自由主义思维。更多的压力来自社会接触的减少,亲身接触物质世界的机会的减少。矛盾的是,随着我们在全球范围内的联系越来越紧密,地区的孤立却越发严重。共同工作的机会越来越少了。

注意力和专注力正在被电子邮件和社交媒体蚕食。紧急的事情优先于重要的事情，立即做出反应的压力可能会让人不堪重负。无论是在美食、阅读还是手工艺方面，循序渐进的过程都受到了冲击。缓慢的学习过程受到了环境压力的打压——这种压力要求学生用更少的努力和资源，更快地获取资质。对于评估的痴迷已经扭曲了资质本身。但是，以牺牲学习质量的代价来量化学生的学习内容，是一种危险的短视。

年轻人失去了充分发挥自身潜能所需要的机会。新人进入一个专业领域的时候，我们希望他们具备阅读、写作、算术和使用电脑的基本技能，了解周围的世界。我们希望他们对物质世界有基本的了解，这种了解是通过多年在家、在学校的经历建立起来的。我们希望他们能与工作中的他人建立良好的关系，为自己的行为负责，照看彼此的安全。如果我们不再把具备这些基本能力看作理所应当，我们就必须做些事情来纠正这一点，或者为这些能力的培养预留出一些时间。我们知道成为专家所需要的条件，但我们却放任这些条件受到破坏。

我在大学工作时就发现了这一点。直到最近，你可能还以为，一年级学生在入学时，应当掌握一系列他们在家和在学校里通过动手学习到的基本技能。用剪刀剪纸、用胶水粘东西、用笔写字、系鞋带、给绳子打结——所有这些技能都应该是在童年期培养的。当然，有些人比其他人更手巧、更自信，但学生群体本应该有一个基础的水平，一种做过这些事情的共同经历。年轻人还应该通过音乐、戏剧和舞蹈学会在别人面前做事。即使他们不是传统意义上的优秀表演者，但他们也会因此获得重要的经验。

近年来，同事和我发现，我们不能再如此想当然了。在我们的大学里，进入理学和医学领域的年轻人成绩优异，但许多人连打绳结、用剪刀剪裁图形、在他人面前讲话都会遇到困难。虽然看一眼英国公立中学的课程就知道这是为什么，但我的学生来自世界各地，所以我认为这是一个全球性的问题。

艺术、设计、音乐、舞蹈、烹饪，以及其他涉及技巧与表演的学科都从课程表里消失了。甚至连科学的学科也在以抽象的方式讲授，学生很少有机会在实验室里学习，凭自己的兴趣做实验。在科学课程上，为了节省老师的时间，确保实际操作"正确无误"，学生要用的化学物质都已经为他们称好了。由于我们的制度厌恶风险，犯错的机会正在消失。年轻人不会再体验到犯错、必须纠正错误的感觉。

我们还有一种将生活分门别类的有害倾向。"动手"被归为艺术教室里的事情，而艺术教室正在被废除。表演则仅限于音乐或戏剧，而音乐和戏剧课则正在被削减。这是一场悲剧和耻辱。我们正在剥夺学生与生俱来的权利——他们与周围的物质世界打交道的信心。在与伦敦北部一所学校的校长交流时，我大吃一惊：有些学生不会握笔，或者不会使用剪刀，因为他们从没有尝试的机会。这不是因为学校缺乏意愿。恰恰相反。这是由于他们几十年来的资源不足，以及不了解人是如何成为专家的。这不仅仅是年轻人进入社会面临的问题。这是我们所有人的问题。

这种快速追求成果的做法，产生了极为有害的影响。视觉的、电子设备屏幕上的信息占据了人的大部分注意力，因此这个问题变得更加明显。年轻人通过在线观看科学家的实验来学习化学实验，而不是自己动手做实验。科学的声音和气味正在消失。大家成了旁观者，而不是参与者。丰富的感觉信息被重视视觉、忽视其他感觉的技术所消除了。

如你所见，我完全支持技术进步。我正在笔记本电脑上写作本书。在我的职业生涯里，我一直在与那些在技术创新前沿工作的人合作，每一代年轻人都将在我无法想象的事情上成为专家，这让我感到很兴奋。我想说的是，我们应该利用技术进步和社会变革来丰富我们的体验，而不是让体验变得贫乏。

我们正处于一个危险的境地。我们可能会失去许多技能，却没有意识到它们正在消失，就像世界其他地方的生物栖息地逐渐消失一样。相关的统计数据让人担忧。在英国，自 2010 年起，创意类学科的入学考试参加人数下降了 20% 以上，设计类和技术类专业的入学人数下降了 57%。动手技能的教学正在从课程设置中消失。有一种隐秘而危险的假设认为，科学比艺术更有价值，科学中没有艺术的一席之地。这种目光已经短浅到了疯狂的程度。

这种"精简"的弊政经过多年的发展，已经掏空了实践社群的专业精神。如莱夫和温格所说的"新人与老手的交流"正在迅速消失。成为专家被看作是个人的事情，而不需要集体的力量。然而，本书中的所有故事都表明，在我们成为专家的路上，我们多么依赖彼此，依赖实践社群。

这不是一种对假想的黄金时代的怀旧渴望。传统的学徒制有很多不好的地方。那种制度鼓励霸凌与剥削，要求不人道的工作量；它将一套规则摆在处于这种制度下的人的面前。这种学徒制往往会抑制人的主动性，妨碍他们发挥自己的潜能，让他们在本应取得进步的很长一段时间后，依然困在毫无意义的工作里，或者根本不允许他们参与到工作中来。

然而，现实情况可能不全是糟糕的。不同的实践领域可能出现又消失，但"专家已死"的说法实在有些夸张。成为专家依然是人类的基本需求，在这条道路上探索的机会应该为我们每个人所有。这些威胁都是真实存在的，但它们是可以被应对的。本书中的这些人就是活生生的例子。他们践行了我概述的原则：长期专注于有价值的事情——这些事情需要持续的投入，而这种投入能带来奖赏；让自己的欲求从属于他人的需要；即使自己的领域不在主流之内，也要精益求精。

我之前说过，专长的生态系统依赖于我们有责任提供的养分。这些养分包括提供支持性的环境，满足基本的物质需求，成为志同道合的群体中的一员。一个给养丰富的环境应该提供机会，让人获得身体技能、事实性知识，以及对待工作对象和他人的敏感性。

也许最大的威胁就是缺乏耐心。我们正在忽视缓慢学习的必要性。学习者需要时间和支持。专家必须经过漫长的成长和成熟过程，就像树木在森林中成长一样。就像树木一样，专家需要发展，而不是被连根拔起、移植。拔起和移植浪费了重新生根的能量，而这些能量本可以更好地用于向上生长。

当成为专家的过程恰如其分地发生时，它就像一种人与人的关系。它具有经久不衰和丰富充盈的潜力。它能为人提供极大的满足感，让人为之奉献终生。就像其他的长期关系一样，这个过程没有明确的终点。这个过程足够宏大、足够灵活，能容纳你的成长和进化，它也会随着你一起成长和进化。

终点？

成为专家意味着什么？你怎么知道自己什么时候成了专家？事实上，你永远不会真的达成这个目标。成为专家的道路没有终点。因此，我将以一些写作本书时想到的东西作为结尾，将这些想法当作一面镜子，反映本书中所包含的思想。

这是我独立写作的第一本书，所以我不是一个专家级的作者。但这不是我第一次写东西，所以这是我在成为专家之路上的一站。这一过程始于小学，那时我学会了字母表，并把字母组合起来，构成简单的单词。多年以来，我写了许多东西，从学生时代的考试到全科医生的转诊信，再到文章和科研论文。但是，直到我开始写作本书的时候，我经历的所有这些阶段才变成了一个连贯的整体。

在我为写作积累经验的时候，我运用了自己的感官，品鉴了其他人所写的东西，对哪些文字好、哪些不好有了清晰的想法。对于自己想成为哪种作者，我产生了一种感觉。我曾感受过脆弱的工作对象处于崩溃边缘的感觉，我了解了我能在一个句子失去意义之前将其缩减到什么程度，以及它在变味儿之前能延长到什么长度。我尝试过，犯过错，也曾不得不改正。

一开始，我关注的只有我自己和我想说的话，但我后来不得不做出"从你到他们"的转变。我必须从写自己想写的东西，转变到写他人愿意读的东西。我必须考虑别人对我的作品有何感受。我逐渐找到了自己的"声音"、风格、个性。现在，我在努力把所有这些结合起来，表达我几十年来一直想表达的想法，思考如何带领我的领域走向一个不同的方向。

我每前进一步，就会倒退两步。我必须随机应变，对我工作的环境和遇见的人做出反应。我不断地整理自己的想法，思考新的表达方式。但现在我必须停下来。我知道这本书永远达不到理想的水平。你迟早都要把你一直在练习的东西拿出来表演，与他人分享，然后继续前进。我的编辑说了一句话，与诗人保罗·瓦莱里（Paul Valéry）的话有异曲同工之妙：你永远写不完一本书，你只需要决定在什么时候放下它。

对我来说，那种永远无法完成的感觉就是成为专家的核心。这是一个永无止境的过程，其目标是难以捉摸的，但它满足了我们所有人都有的一种需求。安德鲁·戴维森在第 4 章所说的那句话就表达了这个意思："40 多年来，我一直在尝试用木板制作出完美的版画。我从来没做到过，我知道我永远也做不到，但我决不会停止努力。"约书亚·伯恩说他知道没有完美的西装，但他会一直努力去做。他表达的也是这个意思。这也是我做医生的感觉。没有完美的手术，也没有完美的问诊，但是我们不应停止尝试。这就是成为专家之路的重中之重。

| 致谢 | Acknowledgements

本书取材于几十年来与无数人的交流与合作。虽然我不能一一提及他们的名字，但我对他们的感激是无法估量的。任何写过请柬的人可能都有过这样的痛苦经历：总有人的名字可能会被遗漏。如果我犯了这个错，希望不会招致这种疏忽常有的后果。

在本书中，我谈到了许多专家。他们非常慷慨地贡献了自己的时间、见解和鼓励，对我的想法产生了深刻影响。有些人在我的故事里反复出现。自从我与约书亚·伯恩在十多年前第一次见面以来，他就深深地影响了我的思想，我们的谈话也构成了本书的基础。弗勒尔·奥克斯、理查德·麦克杜格尔、威尔·胡斯顿、法布里斯·兰盖和索菲·耶茨都曾帮助我以新的方式思考成为专家的步骤。

保罗·杰克曼、安德鲁·戴维森、德里克·弗兰普顿、邓肯·胡森、菲尔·贝曼、凯瑟琳·科尔曼、约翰·劳纳与约瑟夫·优素福都从不同的角度给予了我启示。安德鲁·加里克、阿兰·斯皮维、柯丝蒂·弗劳尔、玛尔塔·阿吉玛（Marta Ajmar）、默林·斯特兰奇韦（Merlin Strangeway）、利亚姆·诺布尔（Liam Noble）、露西·莱昂斯（Lucy Lyons）、大卫·多兰、杰里米·杰克曼、蕾切尔·沃尔（Rachel Warr）、大卫·欧文、迪米特里·贝洛（Dimitri Bellos）、玛戈·库珀（Margot Cooper）、萨姆·加利文、弗洛伦丝·托马斯、哈罗德·埃利斯（Harold Ellis）、玛丽·尼兰（Mary Neiland）与科林·比克内尔都帮助了我发展自己的理念。

我曾提到过"线条管理研讨会"，即艺术工作者行会举办的一个活动。他们还举办过一些其他的活动，包括"用手思考"（Thinking with Your Hands）以及在帝国理工学院举办的一个研讨会，我称之为"表现科学的艺术"（The Art of Performing Science）。这些活动也深刻影响了我的思想，为我的理念提供了肥沃的土壤。通过影片与对话，保罗·克拉多克（Paul Craddock）在这些活动中扮演了核心角色。

对我的思想起到关键影响的一个人，是符号学家、教育家冈瑟·克雷斯（Gunther Kress），他于 2019 年 6 月突然去世。我们之间的交流持续了十多年，极大地帮助了我形成写作本书的想法。冈瑟是一位导师，一个鼓舞人心的人，一位真正的朋友。我对他的怀念无以言表。

我还受到约翰·威克姆的启发。他是泌尿科医学的先驱，我在本书结尾部分讲述了他的工作。约翰于 2017 年 10 月去世，享年89 岁。在我看来，他体现了成为专家的真谛。他温文尔雅、谦逊有礼、心地善良，也是一位鼓舞人心的朋友。他的同事麦克·凯利特、斯图尔特·格林格拉斯、克里斯·拉塞尔和托尼·雷布尔德也给了我极大的帮助，约翰的遗孀安一直非常慷慨。

许多朋友都为我的思考提供了帮助，尤其是茱莉娅·安德森（Julia Anderson）。更早的时候，我的导师艾尔温·曼内尔

（Aylwyn Mannell）、安迪·霍尔（Andy Hall）和杰里米·邓肯·布朗（Jeremy Duncan Brown）都在我的临床生涯中给过我激励与支持。我得到了我在威尔特郡特罗布里奇市洛夫米德合伙诊所（Lovemead Group Practice）全科医生合作伙伴的坚定支持——尤其是杰里米·布拉德布鲁克（Jeremy Bradbrooke）与已故的斯蒂芬·亨利（Stephen Henry）。

我非常感谢艺术工作者行会，我在本书的开篇就提到了这个非凡的组织。我引用的故事里的许多专家，都是"行会的兄弟"（这是他们传统的称呼，不分性别）。作为个人，他们的见解很有启发性。作为一个群体，他们让我以意想不到的方式思考。被他们以"兄弟"的身份邀请加入行会，这是我的荣幸。我要特别感谢前任会长、陶艺师普吕·库珀（Prue Cooper）。

我要感谢我在帝国理工学院及其他地方的许多同事，包括费尔南多·贝洛（Fernando Bello）、柯尔斯滕·达尔林普尔（Kirsten Dalrymple）和德布拉·内斯特尔（Debra Nestel）——他们都是我长期的友人与合作伙伴。我还要感谢皇家音乐学院的亚伦·威廉蒙，他是我的朋友、同事，也和我同是皇家音乐学院与帝国理工学院表现科学中心的主任。

我还要感谢帝国理工学院外科教育学教育硕士项目的工作人员和学生，以及帮助我发展自身理念的学者与博士生。他们包括安妮·叶（Anne Yeh）、萨沙·哈里斯（Sacha Harris）、亚历克斯·科普（Alex Cope）、塔姆津·卡明（Tamzin Cuming）、莎伦·韦尔登（Sharon Weldon）、克劳迪娅·施莱格尔（Claudia

Schlegel）和杰夫·贝兹默（Jeff Bezemer）。我要感谢巴里·史密斯（Barry Smith）慷慨地提出自己的想法和见解，还要感谢惠康信托基金会，他们的"2012 参与奖学金"让我得以自由地探索我在本书中提出的这些想法。这个机会给我带来了很大的改变。

感谢伦敦城市与行业协会艺术学校、皇家美术学院、格雷沙姆学院以及英国和海外的许多博物馆和其他机构，让我有机会发展自己的理念。我还要感谢我的朋友威尔·利德尔（Will Liddell），他是第一个让我意识到"看不见的鱼"的人。

接下来我要感谢我的编辑杰克·拉姆（Jack Ramm）。杰克的贡献是巨大的。他的付出、清晰的思路，以及对我这个作者的支持（简而言之，他的关心）是无与伦比的。和他在一起工作是我的荣幸。我还要感谢康纳·布朗（Connor Brown）和企鹅出版集团（Penguin Books）的所有员工。

最后，感谢我的家人。我的女儿埃米莉和蕾切尔充满了热情，给了我许多鼓励，我和她们一起探讨了许多跨学科的想法。

我最感谢的人是我的妻子杜西亚。言语不足以表达她给我的支持与鼓舞。我要将本书献给她。

| 延伸阅读 |　Read on

　　我的播客"逆流"（Countercurrent）详细记录了我与本书中许多专家的更多对话。

　　Bereiter, Carl, and Marlene Scardamalia, *Surpassing Ourselves: An Inquiry into the Nature and Implications of Expertise* (Open Court, 1993). 该书探讨了我在第 3 章概述的常规专长和适应性专长的理念。

　　Collins, Harry, and Robert Evans, *Rethinking Expertise* (University of Chicago Press, 2007). 三位作者围绕贡献型和互动型专长提出了一些理念，我在本书中引用过这些理念。

　　Ericsson, K. A., and N. Charness, 'Expert Performance: Its structure and acquisition', *American Psychologist*, 49:8 (1994), 725 - 47. K. 安德斯·埃里克森的文章影响深远。这篇文章介绍了他从毕生研究中提炼出来的原则。

　　Graziano, Michael, *The Spaces Between Us: A Story of Neuroscience, Evolution, and Human Nature* (Oxford University Press, 2018). 这本通俗易懂的书总结了格拉齐亚诺几十年来对于个人空间神经科学基础的研究。

　　Johnstone, Keith, *Impro: Improvisation and the Theatre* (Methuen Drama, 1981). 这是一部关于随机应变的经典作品——机

智、敏锐、易读。约翰斯通在这本书中解释了"是的，而且……"与"是的，但是……"这两种随机应变的区别。

Lave, Jean, and Etienne Wenger, *Situated Learning: Legitimate Peripheral Participation* (Cambridge University Press, 1991). 这本颇有影响力、通俗易懂的书提出了一个观点：学习发生在应用的环境里。

McGilchrist, Iain, *The Master and His Emissary: The Divided Brain and the Making of the Western World* (Yale University Press, 2009). 这本引人入胜、说服力强的书探讨了左右脑不同世界观之间的关系。

Meyer, Jan, and Ray Land, *Threshold Concepts and Troublesome Knowledge: Linkages to Ways of Thinking and Practising within the Disciplines* (Enhancing Teaching-Learning Environments in Undergraduate Courses Project, Universities of Edinburgh, Coventry and Durham, 2003). "门槛概念"是一种思考学习的有效方式，这篇报告阐述了这种概念的基本原则。

Neighbour, Roger, *The Inner Consultation* (Kluwer Academic Publishers, 1987). 在我成为一名全科医生的时候，这本书对我产生了关键的影响。该书睿智、兼收并蓄、不拘一格，让我意识到了问诊在医学中的核心作用。

Pallasmaa, Juhani, *The Thinking Hand: Existential and Embodied Wisdom in Architecture* (John Wiley & Sons, 2009). 这本简短的书提出了具有挑战性和启发性的想法。作者在书中写道：

"世上仍有无数的技能和大量不成文的知识，存在于亘古不变的生活模式与谋生方式里，这些知识和技能需要维护和恢复。"

Pirsig, Robert M., *Zen and the Art of Motorcycle Maintenance* (William Morrow and Company, 1974). 这本虚构的自传通过从明尼苏达到加利福尼亚的摩托车之旅探讨了"良质"（Quality）的本质。这本书极具影响力和特色，但依然发人深省，充满挑战。

Pye, David, *The Nature and Art of Workmanship* (Cambridge University Press, 1968). 这本简短的书阐述了派伊的重要思想，至今仍有现实意义。

Sennett, Richard, *The Craftsman* (Yale University Press, 2008). 森尼特是一位社会学家、音乐家，他从宽广的历史角度探索了技能的诸多层面，并提出了"什么是好工作"这个问题。

Tamariz, Juan, *The Five Points in Magic* (Hermetic Press, 2007). 这是一本由著名魔术师撰写的短篇作品，概述了吸引和影响观众注意力的关键原则。

Wertsch, James, *Vygotsky and the Social Formation of Mind* (Harvard University Press, 1985). 这本书阐明了维果茨基的思想，很好地介绍了他颇具影响力的著作。

Wickham, John, *An Open and Shut Case: The Story of Keyhole or Minimally Invasive Surgery* (World Scientific Publishing Company, 2017). 这本引人入胜的回忆录的作者是一位锁孔手术的先驱，该书体现了他的创新精神、温和的智慧与人性。